生活热水水质安全技术标准实施指南

中国建筑设计研究院有限公司　主编

U0250908

中国建筑工业出版社

图书在版编目（CIP）数据

生活热水水质安全技术标准实施指南/中国建筑设计研
究院有限公司主编. —北京：中国建筑工业出版社，
2018.11
　ISBN 978-7-112-22689-4

　Ⅰ.①生… Ⅱ.①中… Ⅲ.①生活用水-水质标准-中
国-指南　Ⅳ.①TU991-65

中国版本图书馆 CIP 数据核字（2018）第 210267 号

《生活热水水质标准》CJ/T 521—2018、《集中生活热水水质安全技术规程》T/CECS 510—2018 是中国建筑设计研究院有限公司主持编制的两本建筑热水应用领域的技术标准。这两本标准从水质安全保障层面规范并指导民用建筑集中生活热水系统的设计、施工、验收和运行维护。为帮助使用者准确理解上述两个标准的相关要求及其与国家标准《建筑给水排水设计规范》GB 50015 修订后相关条款的内在联系，推动这两个标准的宣贯实施，本书对这两本标准作出深入解读。本书主要内容包括五个部分：1. 生活热水水质安全；2. 生活热水水质安全技术措施；3. 建立生活热水系统危害分析的关键控制点；4. 生活热水水质调研；5. 生活热水新型消毒技术研究。

责任编辑：丁洪良
责任校对：焦　乐

生活热水水质安全技术标准实施指南
中国建筑设计研究院有限公司　主编

＊

中国建筑工业出版社出版、发行（北京海淀三里河路 9 号）
各地新华书店、建筑书店经销
北京红光制版公司制版
北京京华铭诚工贸有限公司印刷

＊

开本：787×1092 毫米　1/16　印张：11½　字数：274 千字
2018 年 10 月第一版　　2018 年 10 月第一次印刷
定价：**42.00** 元
ISBN 978-7-112-22689-4
（32805）

本 书 编 委 会

编委会主任： 匡　杰　朱跃云

主　　　编： 傅文华

副　主　编： 沈　晨　张晋童

主　　　审： 赵　锂　刘振印

编委会成员： 车爱晶　潘国庆　张庆康　王　松　张源远

　　　　　　 赵伟薇　关若曦　安明阳　李梦辕　张艺馨

　　　　　　 林建德　高　峰　赵　伊　苏兆征　王　睿

　　　　　　 李建业

序

2018 年是中国改革开放 40 周年，在这 40 年中，中国发生了巨大的变化，中国城镇化建设取得了举世瞩目的成绩。超高层建筑、大型商业类综合建筑、医疗建筑、酒店建筑等的建设越来越普遍。在上述建筑中新技术、新工艺及新设备得到普遍的使用，中国建筑技术得到了极大的提升，与世界水平接近甚至在某些领域领先世界水平，但是我们在质的方面还有一定的差距。在建筑给水排水领域，集中生活热水系统是居住类公共建筑（酒店、医院、公寓等）生活热水的最终解决方案，部分住宅建筑及住宅小区也有集中生活热水系统的设置。集中生活热水系统工程界将解决问题的重点放在水量、水压及水温的保障上，对水质一致未予以关注。国家设计规范中也是仅规定集中生活热水系统的热水水质满足现行国家标准《生活饮用水卫生标准》GB 5749 即可，未做针对性的规定。但生活热水与生活冷水的水质，不论是物理性质还是微生物性质都有显著区别，现行国家标准《生活饮用水卫生标准》GB 5749 不能全面反映生活热水的水质指标。西方发达国家早在 20 世纪 90 年代就对建筑物中热水水质问题开展研究，中国建筑设计研究院有限公司给水排水专业从 1997 年开始关注建筑热水中军团菌的问题，并开展一系列的研究工作。2014 年，中国建筑设计研究院有限公司承担了国家"十二五"重大专项"建筑水系统微循环重构技术研究与示范"课题（以下简称"水专项"），将建筑热水水质标准和生活热水水质安全保障技术纳入研究范围，集中生活热水水质和水质安全保障技术的研究进入了新的阶段。行业标准《生活热水水质标准》CJ/T 521—2018 及协会标准《集中生活热水水质安全技术规程》T/CECS 510—2018 就是"水专项"课题热水水质研究的主要产出成果。热水水质相关标准的发布填补了我国生活用水水质的空白，水质标准达到了国际水平。上述两本标准对集中生活热水水质、水质安全保障将起到规范、指导作用，有利于保障人民的身体健康和用水安全。为使上述两本标准的使用者准确理解标准的内容，推动标准的执行与实施，中国建筑设计研究院有限公司"水专项"课题组编写了本指南，作为上述两本标准实施时的技术参考资料。

感谢"水专项"热水课题组的全体研究人员的辛苦付出，为中国建筑给水排水技术的发展与进步做出了贡献。

中国建筑设计研究院有限公司副总经理、总工程师

国家"水专项"课题负责人　　　　　　　　　　赵　锂

前　言

　　水是生命之源，人类的生存和发展离不开安全卫生的水。我国的城市供水体系日趋完善，市政供水水质均能满足现行国家标准《生活饮用水卫生标准》GB 5749 的要求。随着城市建设的不断发展，越来越多的大型综合类建筑、医疗建筑、酒店建筑、住宅小区等投入使用，其中许多建筑都设置了集中生活热水系统。一直以来，集中生活热水系统的热水水质需满足现行国家标准《生活饮用水卫生标准》GB 5749 的要求，但比较生活热水与生活冷水的水质，不管是物理性质还是微生物性质都有显著区别，现行国家标准《生活饮用水卫生标准》GB 5749 不能全面反映生活热水的水质指标。另一方面，由于水质的不同，集中生活热水系统的设计、施工和运行维护，与生活给水（冷水）系统的要求不同。因此，为了保证生活用水更加安全卫生，填补用水标准的空白，有必要制定集中生活热水系统热水水质标准，并对生活热水水质标准提出相应的安全技术要求。

　　欧、美、日等发达国家早在 20 世纪 90 年代就对建筑物中热水水质问题开展研究，针对热水物理特性与微生物增强的作用及影响发表多项专题报告。中国建筑设计研究院有限公司在 1997 年召开的中日建筑给排水技术研讨会上发表了"建筑热水中军团菌的问题"研究报告，开始对热水水质进行关注。2006 年，赵锂发表了《二次供水水质保障技术》论文，文中对生活热水水质安全提出了要求。2011 年，赵锂、刘振印、傅文华等在中国建筑给排水技术高峰论坛上发表了"热水供应系统水质问题探讨"的报告，深层次地探讨了生活热水水质安全问题。2014 年，国家"十二五"重点课题"建筑水系统微循环重构技术研究与示范"，将建筑热水水质标准和热水水质安全保障技术纳入研究范围，中国建筑设计研究院有限公司对热水水质标准和水质安全保障技术的研究进入了新的阶段，并开始了相关规范及标准的编制工作。

　　根据"住房和城乡建设部关于印发 2016 年工程建设标准规范制订、修订计划的通知"（建标〔2015〕274 号）要求，由中国建筑设计研究院有限公司等单位完成的《生活热水水质标准》CJ/T 521—2018（以下简称《标准》）将于 2018 年 11 月 1 日起正式实施。

　　根据"关于印发《2015 年第二批工程建设协会标准制订、修订计划》的通知"（建标协字〔2015〕099 号）要求，由中国建筑设计研究院有限公司等单位完成的《集中生活热水水质安全技术规程》T/CECS 510—2018（以下简称《规程》）已于 2018 年 5 月 1 日起正式实施。

　　《标准》、《规程》是在深入研究国内外科研成果，认真总结大量工程实践经验，并在广泛征求意见的基础上制定的。《标准》和《规程》将从水质安全保障的层面上起到规范、指导建筑集中生活热水系统的设计、施工安装及验收、运行和维护管理的作用，有利于保障人民的身体健康和用水安全。由于生活热水水质安全问题近几年才逐步得到关注和重视，待研究问题很多。为帮助使用者准确理解《标准》、《规程》的相关要求，以及与《建筑给水排水设计规范》GB 50015 修编后相关条款的内在联系，推动《标准》、《规程》的贯彻实施，由主编单位中国建筑设计研究院有限公司组织编写了《生活热水水质安全技术标准实施指南》，作为《标准》、《规程》实施的参考技术资料。

本书第 1 章主要介绍了生活热水水质存在的问题及《生活热水水质标准》CJ/T 521—2018，第 2 章主要介绍了《集中生活热水水质安全技术规程》T/CECS 510—2018，第 3 章介绍了集中生活热水系统的维护管理，第 4、5 章介绍了本课题组关于生活热水水质及灭菌措施的研究工作。

本书第 1、3、4、5 章由沈晨、张艺馨、张庆康、李梦辕、安明阳、赵伟薇、林建德、高峰、赵伊、苏兆征、李建业编写，第 2 章由车爱晶、潘国庆、张晋童、张庆康、王松、张源远、赵伟薇、关若曦、王睿编写。

特别感谢赵世明、郭汝艳、杨澎在本书编写过程中给予的大力支持与帮助。

在《标准》、《规程》的实施过程中，可能会遇到大量问题、意见和建议，欢迎读者随时将有关意见和建议反馈给《标准》、《规程》的主编单位中国建筑设计研究院有限公司，同时由于时间仓促和编者水平所限，本书错误和不当之处在所难免，恳请读者对本指南提出意见和建议。

中国建筑设计研究院有限公司
热水水质研究课题组
2018 年 5 月

目　　录

第1章 生活热水水质安全

1.1 关注生活热水水质

中国建筑设计研究院有限公司赵锂带领生活热水水质研究课题组，从关注热水水质开始，收集大量国内外二次供水及生活热水的先进技术信息和相关的文献资料，到发现热水水质核心问题对象——军团菌等建筑管道机会致病菌（Opportunistic Premise Plumbing Pathogens，简称OPPPs），持续关注研究热水水质安全问题20年之久。课题组通过大量的试验研究来验证生活热水系统中军团菌等建筑管道机会致病菌OPPPs的灭菌措施，并对国内多个城市进行热水水质数据调研，在此基础上编制了《生活热水水质标准》CJ/T 521—2018（以下简称《标准》）及《集中生活热水水质安全技术规程》T/CECS 510—2018（以下简称《规程》）。

《标准》适用于集中生活热水供应系统。集中生活热水供应系统是满足人们日常生活洗涤、洗浴等需求的公共设施，广泛应用于厂矿、企业、宾馆、饭店、医院、公共浴室、公寓住宅和一些公共建筑。

国家现行标准对建筑物二次供水水质作出了明确规定，而生活热水供应系统中实际存在的热水水质问题长期未被重视。在工程的应用中，热水供应设计虽然要求热水水质应满足《生活饮用水卫生标准》GB 5749—2006的要求，但实际上来自市政的给水加热成热水，流经加热设备和管道系统，水质发生变化，达不到《生活饮用水卫生标准》GB 5749—2006的要求，甚至出现管道机会致病菌OPPPs。随着社会发展和生活水平的提高，在饮用水水质安全之外，人们开始更多地关注生活热水的水质安全。我国生活热水系统存在的军团菌、非结核分枝杆菌等生物安全问题，逐渐引起社会的广泛关注。生活热水供应系统是城市二次供水的重要组成部分，生活热水系统水质安全的最大威胁来自于军团菌和非结核分枝杆菌，作为由生活水系统携带并通过空气传播的致病菌，必须引起高度重视。

影响热水水质发生变化的因素有很多，如：水温、有机物、余氯、电导率等。从国外对热水水质卫生状况的调查研究可知，加热过程会使水中余氯含量减少或消失，导致异养菌数增多，细菌总数增多，使得热水系统水质不满足《生活饮用水卫生标准》GB 5749—2006的要求。

2014年，课题组对我国北方某城市的二次供水、生活给水及生活热水用水末端进行了采样分析，包括大型酒店、医院、居民小区、高校和工厂等14个采样点。采用在线快速检测结合实验室检测的方法，分析水样中以下理化、微生物指标：温度、TOC、DOC、COD_{Mn}、UV_{254}、溶解性总固体、电导率、余氯、pH值、ATP、三卤甲烷、细菌总数、异养菌数和浑浊度。

14个采样点中仅有2个热水系统末端出水水温高于45℃，但低于50℃；生活给水TOC平均值为1.56mg/L，生活热水TOC平均值为1.808mg/L；生活给水DOC平均值为 1.48mg/L，生活热水 DOC 平均值为 1.618mg/L；生活给水 COD_{Mn} 平均值为 1.829mg/L，生活热水 COD_{Mn} 平均值为 1.925mg/L；生活给水 UV_{254} 平均值为 0.017mg/L，生活热水 UV_{254} 平均值为 0.019mg/L。随着水温的升高，热水系统中 TOC、DOC、COD_{Mn}、UV_{254} 这些表征有机物的指标含量都有所增加。冷热水水质对比见图 1.1-1。

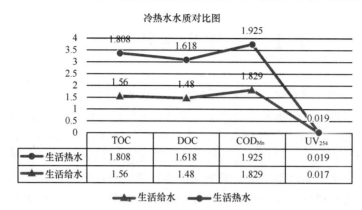

冷热水水质对比图

	TOC	DOC	COD_{Mn}	UV_{254}
生活热水	1.808	1.618	1.925	0.019
生活给水	1.56	1.48	1.829	0.017

▲ 生活给水　● 生活热水

图 1.1-1　冷热水水质对比图

1.2 《生活热水水质标准》释义

1.2.1 生活热水水质卫生要求

生活热水水质应符合下列基本要求：

（1）生活热水原水水质应符合现行国家标准《生活饮用水卫生标准》GB 5749 的要求。

（2）生活热水水质应符合表 1.2-1、表 1.2-2 的卫生要求。

（3）除表 1.2-1、表 1.2-2 中指标以外，生活热水水质其他指标及限值，还应符合《生活饮用水卫生标准》GB 5749—2006 的规定。

表 1.2-1　常规指标及限值

项目		限值	备注
常规指标	水温（℃）	≥46	—
	总硬度（以 $CaCO_3$ 计，mg/L）	≤300	—
	浑浊度（NTU）	≤2	—
	耗氧量（COD_{Mn}）（mg/L）	≤3	—
	溶解氧*（DO）（mg/L）	≤8	—
	总有机碳*（TOC）（mg/L）	≤4	—
	氯化物*（mg/L）	≤200	—
	稳定指数*（R.S.I）	6.0<R.S.I.≤7.0	需检测：水温、溶解性总固体、钙硬度、总碱度、pH 值

续表 1.2-1

项目		限值	备注
微生物指标	菌落总数（cfu/mL）	≤100	—
	异养菌数*（HPC）（cfu/mL）	≤500	—
	总大肠菌群（MPN/100mL 或 cfu/100mL）	不得检出	—
	嗜肺军团菌	不得检出	采样量 500mL

注：稳定指数计算方法参见本标准附录 A。

* 指标为试行。试行指标于 2019 年 1 月 1 日起正式实施。

表 1.2-2　消毒剂余量及要求

消毒剂指标	管网末梢水中余量（mg/L）
游离余氯（采用氯消毒时测定）	≥0.05
二氧化氯（采用二氧化氯消毒时测定）	≥0.02
银离子（采用银离子消毒时）	≤0.05

1.2.2　常规指标及限值释义

1. 水温：本标准将一般集中生活热水系统终端用水水温限定为≥46℃。

水的物理化学性质与水温有密切关系。水温能影响微生物生长速度、消毒效率、余氯消耗速率、管材腐蚀速度等。水温不仅直接影响微生物的代谢活性，而且还可间接作用于细菌再生长的其他影响因素，如消毒剂的扩散与灭菌效果及管道腐蚀速率等。由此可见，温度是影响水系统水质的关键因素。

水温是热水系统的核心指标，实验发现当水温大于 60℃时，水中结垢量有明显增加。根据国外研究文献，军团菌的适宜生长温度为 30℃～37℃，水温达到 50℃以上可起到抑制水中微生物繁殖生长的作用，且军团菌的生长抑制温度阈值为：≥46℃。另外，有研究认为，对兼顾军团菌杀灭效果、防烫和减少能源消耗等三个方面因素进行综合考虑，管道系统内的热水水温应控制在 50℃～55℃。结合我国《城镇给水排水技术规范》GB 50788—2012 中要求生活热水系统的供水温度应保持在 55℃～60℃，终端出水水温不应低于 45℃。本标准结合对集中生活热水系统水温及系统内消毒剂含量控制的同时，要求系统水温低于 50℃的集中生活热水系统应采用有效消毒措施，综合以上观点，控制集中生活热水系统用水终端水温为 46℃。用水终端龙头最大流量出水，受水容器持续溢流出水 15s，水温计读数上下变化不超过 1℃，水温计读数为热水系统终端出水温度。因此，综合考虑结垢、微生物和节能三个方面，本标准将一般建筑集中生活热水系统用水终端水水温限定为≥46℃。

2. 总硬度（以 $CaCO_3$ 计）：限值为≤300mg/L。

水的硬度是由水中溶解的金属离子形成的，主要是钙离子和镁离子。用 mg $CaCO_3$/L 表示水中硬度离子的含量，以方便比较不同硬度物质含量，并非指硬度以这种形态存在。

水的硬度过高，可在配水系统中形成水垢，加热水时需要多消耗能源，洗涤时需要多消耗洗涤剂。有研究表明，具有各种硬度的水样，温度升高总结垢析出量增大，水的硬度低于 10 德国度（相当于以 $CaCO_3$ 计 178mg/L）时，在各种温度条件下结垢量少，且随温度变化缓慢。水样硬度高于 14 德国度（相当于以 $CaCO_3$ 计 250mg/L）时，在各种温度条件下析出垢量多，且随温度变化激烈。温度大于 60℃后，结垢析出量的增长率随温度的升高而增大。

由此可见，硬度和水温是导致管网系统结垢的两个关键因素。因此，控制好硬度与水温，可以降低热水管网系统中的结垢量。

德国 DIN1988 设计规范以防垢为目的，提出了水质处理措施，见表 1.2-3。

表 1.2-3 水质处理措施

含钙离子浓度（mg/L）	热水温度≤60℃措施	热水温度>60℃措施
<80（相当于 7 德国度～14 德国度） （相当于钙离子以 $CaCO_3$ 计 125mg/L～250mg/L）	无	无
80～100（相当于 14 德国度～21 德国度） （相当于钙离子以 $CaCO_3$ 计 250mg/L～375mg/L）	无，或稳定化处理，或软化	无，或稳定化处理，或软化
>120（相当于超过 21 德国度） （相当于钙离子以 $CaCO_3$ 计 375mg/L）	无，或稳定化处理，或软化	稳定化处理，或软化

注：100mg/L（$CaCO_3$）=5.6°dH（德国度）。

参考国际上关于硬度与温度控制的同时，结合我国国情，一般考虑当水温≤55℃时，总硬度（以 $CaCO_3$ 计）应控制在 250mg/L～300mg/L；当水温>55℃时，总硬度（以 $CaCO_3$ 计）应控制在 300mg/L～350mg/L。超过该限值后应采取相应的处理措施，具体措施参见《建筑给水排水设计规范》GB 50015—2003（2009 年版）的规定。

参考《建筑给水排水设计规范》GB 50015—2003（2009 年版），第 5.1.3 条：当洗衣房日用热水量（按 60℃计）大于或等于 10m³ 且原水总硬度（以碳酸钙计）大于 300mg/L 时，应进行水质软化处理。

3. 浑浊度：限值为≤2NTU。

温度急剧变化是引起管网水浑浊度短时间内突然上升的重要原因。相同时间段内，温度变化幅度越大，浑浊度上升幅度越大。由于温度变化引起的温度应力致使给水管网管壁附着物质大量脱落进入水中，从而导致管网水浑浊度上升。

浑浊度指标不仅是感官性状，也是微生物指标。浑浊度低，细菌、病毒裸露于水中更易被消毒剂杀灭。美国环境保护局将浊度划分为微生物指标，因此本标准将浊度定为日检指标，以便于更快速地预警水质的变化。

《生活饮用水卫生标准》GB 5749—2006 中浑浊度的限值为 1NTU，日本 2016 年 4 月 1 日发布的新的水质标准项目及标准值中对浑浊度的限值为 2NTU。由于生活热水一般为非饮用水，在保障水质的前提下，降低热水系统的运行维护成本，故本标准参考日本 2016 年 4 月 1 日发布的新的水质标准，限值定为≤2NTU。

4. 耗氧量（COD_{Mn}）：限值为≤3mg/L。

结合我国目前国情，考虑 TOC 这一指标目前暂时作为试行指标，故保留耗氧量作为常规检测指标，限值参考《生活饮用水卫生标准》GB 5749—2006。

5. 溶解氧：限值为≤8mg/L。

空气中的分子态氧溶解在水中称为溶解氧（Dissolved Oxygen，简称 DO）。水中溶解氧的含量与空气中的分压、水的温度有密切关系。水温升高，水中溶解氧析出，热水中过饱和的溶解氧随压力变化而气泡化，水中析出的溶解氧是管道（钢管及铜管）系统发生腐蚀的最大原因，氧气不断供应腐蚀持续发展。随着所供热水中溶解氧浓度的降低，管道系统的腐蚀情况会得以缓解。控制热水中的溶解氧含量，可以有效缓解铜管的氧化腐蚀。另一方面，热水中溶解氧含量也与水中好氧微生物的含量有关，高溶解氧利于水中好氧微生物的滋生，特别是在有塑料管材的热水系统内。

日本"热水循环系统中热水的溶氧变化规律"一文中，通过对热水循环系统中 DO 的调查研究得出：抑制腐蚀发生的目标值为室温条件下 DO 在 8mg/L 以下。德国标准规定饮用水规定中 DO 给出的参考值为 5mg/L，德国水务部门公布的官方数据，显示德国饮用水中的氧含量为 8mg/L～11mg/L。当 DO 含量 6mg/L～8mg/L 时，对不锈钢管形成保护层是最有利的，过高的 DO 会促进细菌的滋生，尤其在塑料类有机物材料管道中。

表 1.2-4 为美国文献"热水水质标准和相关参数的调查研究"关于热水系统中 DO 对微生物的影响。

表 1.2-4　热水系统中 DO 对微生物的影响

参数	作用	军团杆菌	复合鸟分枝杆菌（MAC）
DO	微生物生长需要，但浓度过高则会抑制	在较低的 DO 条件下生长速率更高	在较低的溶解氧条件下生长速率更高

我国《建筑给水排水设计手册》中指出，水中溶解氧不宜超过 5mg/L，而课题组对全国多个城市热水系统溶解氧的检测结果显示：我国北方地区热水系统溶解氧含量基本都高于 5mg/L，其中北京市在 6mg/L 左右，但是满足热水系统内溶解氧含量均≤8mg/L。

综上所述，本标准控制热水系统内溶解氧含量为≤8mg/L。

6. 总有机碳（TOC）：限值为≤4.0mg/L。

有研究表明在热水器中由于牺牲阳极释放的 H_2 能支持自养氢氧化细菌生长，可产生一定量的有机碳。从腐蚀钢管中释放的氢也能支持自养氢氧化细菌的生长，由钢管管壁中的无机碳产生出了可同化有机碳 AOC。硝化作用产生的 AOC 生物量，对于建筑管道中的致病菌将是一个重要的碳源。由此可见，建筑管道系统中 TOC 的含量是会发生变化的。

芬兰 1989～1991 年间总共对全国 13 个城镇 67 个楼中的饮用水和生活热水水质进行了调查研究，本课题组于 2014 年对北京市 14 家集中生活热水系统冷热水水质进行了调查研究，其中 TOC 的调研数据显示见表 1.2-5。

表 1.2-5　北京市和芬兰对生活给水和热水中 TOC 的调研数据

TOC （mg/L）	生活给水			生活热水		
	平均值	最大值	最小值	平均值	最大值	最小值
北京市	1.56	3.10	0.90	1.81	3.10	0.90
芬兰	6.05	9.22	2.83	6.12	10.1	3.05

综上所述，生活冷水经加热成为生活热水，水中的 TOC 含量有明显的变化。

有研究表明，有机物含量与水中异养菌含量在一定条件下具有很强的相关性。饮用水中有机碳的水平有时能强烈的影响管道系统机会致病菌的扩增，因此为保证热水系统水质良好，应对热水系统中 TOC 的含量进行限制。《生活饮用水卫生标准》GB 5749—2006 中在生活饮用水水质参考指标及限值中建议 TOC 的限值为 5mg/L，该数值来源于日本 2004 年 4 月实施的日本饮用水水质基准，而日本 2016 年 4 月 1 日发布的新的水质标准中对 TOC 的限值为 3mg/L，目前美国及德国已对综合评价水质有机物污染状况的指标 TOC 提出最高阈值为 4mg/L。

综合考虑，本标准采用 TOC 的限值为 4mg/L。

7. 氯化物：限值为≤200mg/L。

《加拿大饮用水水质指南：指导技术文件——氯化物》中指出：在饮用水中氯化物浓度高于 250mg/L 可能会导致配水系统中管道设备的腐蚀。本课题组通过实验发现热水中氯化物对不锈钢管道会产生点腐蚀：经试验 31603 薄壁不锈钢浸在热水中，当水中氯化物浓度≤200mg/L 时不会被腐蚀；30408 和 304 薄壁不锈钢浸在热水中，当水中氯化物浓度≤75mg/L 时不会被腐蚀。国际镍协会提出配水系统中氯化物含量见表 1.2-6。

表 1.2-6 国际镍协会提出氯化物含量

不锈钢	输送水中允许的氯化物含量	
	冷水（≤40℃）	热水（≥40℃）
304 和 S30408	200	50
316 和 S31603	1000	250

故本标准设定氯化物限值为≤200mg/L。

8. 稳定指数（Ryznar Stability Index，简称 R.S.I.）：限值为 6.0＜R.S.I.≤7.0。

雷兹纳（Ryznar）在大量实验基础上提出半经验性的稳定指数，用来判断水的稳定性，预防热水系统腐蚀和结垢的危害，计算公式如下：

$$R.S.I. = 2pH_s - pH_0 \tag{1.2-1}$$

稳定指数公式是基于碳酸钙溶解平衡理论并根据实践规律总结出的经验公式，具有一定的结垢、稳定和腐蚀倾向区间，基本可以定量判断水的结垢与腐蚀程度，比饱和指数更接近实际，更具有一定的实际指导意义。因此，本标准采用稳定指数对水的特性进行判断分析，要求水质保持在轻度结垢和轻微腐蚀之间，控制 R.S.I. 在 6.0～7.0（表 1.2-7）。

表 1.2-7 用稳定指数对水的稳定进行判断分析

稳定指数 R.S.I.	水的稳定倾向
R.S.I.＜5.0	严重结垢
5.0＜R.S.I.≤6.0	轻度结垢
6.0＜R.S.I.≤7.0	基本稳定
7.0＜R.S.I.≤7.5	轻微腐蚀
R.S.I.＞7.5	严重腐蚀

建议将饱和指数和稳定指数配合使用，共同作为热水水质结垢和腐蚀倾向的判断依据，为建筑热水系统的运行和维护管理提供更准确的参考和指导。

水的饱和 pH 值（pH_s）受很多因素影响，除了与水的钙离子浓度、水温、水的重碳酸盐碱度等有关外，还受到水中含盐量、钙的缔合离子对及其他能形成碱度的成分等多种因素的影响，可以通过实验测得。一般从简化计算的角度考虑，可忽略某些因素近似计算。根据淡水大致固有的化学值，辅以温度因素，查表 1.2-12 得到相应的常数，可按下式计算 pH_s：

$$pH_s = (9.3 + N_s + N_t) - (N_H + N_A) \tag{1.2-2}$$

式中　pH_s——水在使用温度下碳酸钙达到饱和平衡时的 pH 值（计算值）；

N_s——溶解固体常数，可查表 1.2-12；

N_t——温度常数，可查表 1.2-12；

N_H——钙硬度（以 $CaCO_3$ 计，mg/L）常数，可查表 1.2-12；

N_A——总碱度（以 $CaCO_3$ 计，mg/L）常数，可查表 1.2-12。

9. 菌落总数：参考《生活饮用水卫生标准》GB 5749—2006，限值为 $\leqslant$100 cfu/mL。

10. 异养菌数（HPC）：限值为 $\leqslant$500 cfu/mL。

含细菌的给水进入热水系统后，温度在一定范围内的升高会导致生化反应活化能降低，细菌生长繁殖速率加快，微生物污染风险增大。HPC 检测的异养型微生物菌谱范围广，包括细菌和真菌。实际工程中，消毒过程不可能完全杀灭水中的微生物；在适宜的条件下，如水中缺少消毒剂残留时，HPC 会快速生长。

本课题组对二次供水生活给水和生活热水的水质调研结果显示，生活热水的异养菌数明显高于生活给水。更进一步证明，温度升高且不高于 60℃ 时，生活热水水质明显下降，主要表现为微生物明显增多，生活热水系统爆发微生物污染的可能性明显升高。根据美国安全饮用水法案，对与大肠杆菌相关的异养菌（HPC）水平规定为不得超过 500cfu/mL，较高的 HPC 水平（高于 500cfu/mL）被认为是导致大肠杆菌超标的潜在因素。结合世界各国对异养菌的限值规定，生活热水中异养菌限值参考美国标准，定为 500cfu/mL。

11. 总大肠菌群：参考《生活饮用水卫生标准》GB 5749—2006，限定值为不得检出。

12. 嗜肺军团菌：不得检出。

嗜肺军团菌属是异养菌，广泛生活在各种水环境中，在 25℃ 以上即可繁殖增长。嗜肺军团菌是军团菌病的主要水源性病原体。国外研究资料显示，军团菌适宜生长温度 30℃～37℃，温度大于 46℃ 时生长受到抑制，热水供应系统可为军团菌繁殖提供适宜生长的温度（25℃～50℃）条件。嗜肺军团菌的常见感染途径是热水淋浴喷洒出水，嗜肺军团菌随着热水气溶胶被人吸入肺部，感染致病。因此在生活热水系统中应格外关注嗜肺军团菌，严格控制其存在与含量。

《美国职业安全与健康法案》（Occupational Safety And Health Act，OSAH）对饮用水系统中军团菌的限值分为两档：当水中军团菌浓度高于 10cfu/mL 时，需采取及时清洗或有效灭菌措施；当水中军团菌浓度高于 100cfu/mL 时，需立即清洗或采取有效灭菌措施，并立即采取人员防护措施。

《公共场所卫生检验方法　第 5 部分：集中空调通风系统》GB/T 18204.5—2013 中空调冷却水、冷凝水中嗜肺军团菌的采样要求为：每个采样点无菌操作取水样 500mL，本标准结合生活热水系统的使用性质，对军团菌的限定值为：不得检出/500mL。

13. 游离余氯（给水原水采用氯消毒时）：限值为 $\geqslant$0.05mg/L。

军团菌以漂浮、附着的生物膜或寄居在阿米巴宿主中的形式存在于建筑管道系统中，只有持续消毒作用的方式才能够更好地灭杀管道系统中的军团菌，因此保持管道系统内有持续的余氯，对生活热水系统水质保障更加有利。伊朗学者研究发现，管道系统中余氯含量与军团菌含量成反比，余氯可对军团菌的繁殖起到抑制作用。伊朗学者对德黑兰七家医院的研究中余氯的总平均数为 0.38mg/L，峰值为 1.7mg/L，余氯浓度为 0.4mg/L 时对细菌消毒效果一般。美国学者对建筑室内水系统中致病微生物的消毒研究指出，温度和余氯为水系统中致病微生物消毒的两种有效措施。保证热水系统水温的前提下，满足热水系统内仍有余氯沿程消毒，可以保证热水系统的出水水质。

《WHO饮用水水质准则》（第四版）中提到：为了有效消毒，在 pH 值＜8.0 的情况下接触时间不得小于 30min，接触后水体游离氯量不得小于 0.5mg/L；管网中必须保持一定浓度的余氯量；在管网末端（用户端），最小的游离氯量不得小于 0.2mg/L。

中国建筑设计研究院有限公司与北京工业大学合作进行了热水恒温余氯衰减静态开式烧杯实验，当水温恒定保持 50℃时，设定余氯起始浓度 0.5mg/L，1h 后余氯衰减 28%，3h 后衰减 60%，5h 后衰减 80%，7h 后余氯浓度为 0.05mg/L，衰减 90%，见图 1.2-1 余氯衰减曲线。实际工程中由于水在管道系统内是流动的，因此余氯衰减的速率会受到水流速度和管网生物膜等因素的影响，其衰减速率会高于静态实验。本标准参考《生活饮用水卫生标准》GB 5749—2006，当生活给水采用氯消毒时，集中生活热水系统的用水终端余氯含量应满足≥0.05mg/L。

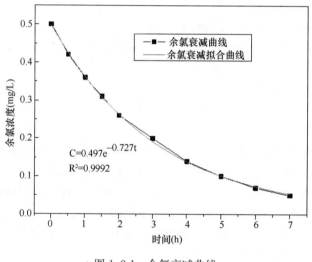

图 1.2-1　余氯衰减曲线

14. 二氧化氯（给水原水采用二氧化氯消毒时）：限值为≥0.02mg/L，参考《生活饮用水卫生标准》GB 5749—2006。

15. 试行指标

《生活热水水质标准》CJ/T 521—2018 是新编制的行业标准，部分指标受检测方法及相应检测设备等的限制，结合工程中生活热水系统的实际情况，将《标准》中部分指标作为试行指标进行试行过渡，试行期至 2018 年 12 月 31 日，自 2019 年 1 月 1 日起试行指标转为正式执行。

1.2.3 判别水质的稳定性

在热水系统中，腐蚀与结垢现象是由于水质不稳定造成的，会对热水水质造成二次污染，影响系统的正常运行，对用户的身体健康有潜在危害。例如，"红水"现象是由于腐蚀作用引起的，这会导致公共卫生问题，给用户带来不良卫生感；硬水加热形成结垢层，热水设备和管道因结垢或沉积物的堆积而降低传热能力和输水能力，不仅浪费燃料，还会堵塞热水管道，使管道的寿命大大缩短，并给系统维护工作带来困难，造成经济损失。

在工程实践中，腐蚀与结垢现象在热水系统中常常同时出现，相互依存，有时以腐蚀为主，有时以结垢为主，根据不同的水质，主次关系会发生变化。正确有效地判断热水系统的结垢和腐蚀倾向，是给水排水技术人员需面对的问题之一，其对热水系统的安全稳定具有实际指导意义。目前国内关于如何判断热水水质稳定性并无相关标准，给工程设计人员和设备运行人员合理选择热水稳定措施以及维护设备正常运行带来了许多困难。

《建筑给水排水设计规范》GB 50015—2003（2009 年版）根据水的总硬度是否大于 300mg/L 来判断原水是否需要进行水质软化处理，是为了减缓热水系统的结垢现象对系统造成的破坏。热水腐蚀与结垢现象的本质是碳酸钙在水中的溶解平衡，该溶解平衡不仅与温度、硬度相关，还与水的碱度和溶解性总固体有关，单纯根据水的总硬度来判断水质的稳定有一定片面性，寻找合理、有效、全面的热水水质稳定判断方法势在必行。

1. 碳酸钙饱和溶解平衡理论

热水系统中的腐蚀与结垢与碳酸钙的饱和溶解平衡有直接关系，当水中碳酸钙和氢离子浓度处于平衡状态时，这种既不溶解又不沉积碳酸钙的水被认为是稳定的。

$$CaCO_3 + H^+ \Longleftrightarrow Ca^{2+} + HCO_3^-$$

一般情况下，管道内壁上形成一薄层碳酸钙膜会保护金属不被过度侵蚀，如果保持碳酸钙浓度在适当的水平，这种覆盖层可以永久保持。但在实际中，水中碳酸钙并不总是处于饱和平衡状态，而时常处于未饱和或过饱和状态。如果 pH 值自平衡点升高，水中碳酸钙浓度处于过饱和状态。而且，冷水中的暂时硬度极不稳定，加热即失去稳定，碳酸钙析出，沉积在热交换器上，造成结垢危害，这种水称为具有沉积性。

$$Ca(HCO_3)_2 \longrightarrow CaCO_3 \downarrow + H_2O + CO_2 \uparrow$$

碳酸钙析出，热水中的钙硬度减小，pH 值降低，水中碳酸钙浓度处于未饱和状态，具有进一步溶解碳酸钙的能力，会对金属管道和设备产生侵蚀作用。而且，热水在金属管道中流动时，会溶解管道内壁上的碳酸钙保护膜，使金属与水直接接触，促成和加剧腐蚀，这种水称为具有侵蚀性。

$$H_2O + CO_2 \longrightarrow H_2CO_3$$

由此可见，腐蚀与结垢现象可能同时存在，管道和水加热器内部结垢的不均匀，在电化学腐蚀作用下，水垢的沉积也会导致"垢下腐蚀"。这种腐蚀速度是正常腐蚀速率的 4 倍~5 倍，可使管道和设备在短期内因穿孔而破坏。

碳酸钙饱和溶解平衡理论是判断水质稳定的理论基础，目前，判断水质稳定的方法均是基于此理论来实现的。

2. 判断水质稳定的方法

1）饱和指数（Langelier Saturation Index，L. S. I.）

饱和指数由朗格利尔（Langelier）在1936年提出，也称朗格利尔指数。饱和指数按下式计算：

$$L.S.I. = pH_0 - pH_s \tag{1.2-3}$$

式中：pH_0——水在使用温度下的实测 pH 值（实测值）；

pH_s——水在使用温度下碳酸钙达到饱和平衡时的 pH 值（计算值）。

用饱和指数对水质稳定性进行判断分析见表 1.2-8。

表 1.2-8　用饱和指数对水质稳定进行判断分析

饱和指数 $L.S.I.$	水质稳定判断
$L.S.I. > 0$	结垢倾向
$L.S.I. = 0$	不腐蚀不结垢
$L.S.I. < 0$	腐蚀倾向

在日常热水系统运行监测中，可以采用饱和指数来观察和判断水的结垢和腐蚀倾向。实际工程中影响水结垢腐蚀的因素有很多，饱和指数仅能作为水处理过程中一个相对性的指导参数，并不能以此作为水结垢和腐蚀的绝对标准。

在实际应用中发现，按照饱和指数判断水的结垢腐蚀倾向存在一定误差，例如按饱和指数判断水应当具有腐蚀倾向，实际上却没有腐蚀，甚至出现结垢现象。尤其当饱和指数在0附近小范围（±0.8）浮动时，这种与实际不符的情况较多出现，究其原因，有以下两个方面：

（1）饱和指数只是判断各组分达到平衡时的浓度关系，但不能判断达到或超过饱和浓度时是否一定结垢，因为结晶过程还受晶核形成条件、晶粒分散度、杂质干扰以及动力学的影响。一般晶粒越小，溶解度越大。对于大颗粒晶体已经饱和的溶液，对于细小颗粒的晶体而言可能未达到饱和。

（2）由于水质自身和外界条件变化往往要产生平衡稳定点的漂移，会拓宽为一定范围的稳定区间，从而影响计算的准确性。

除此之外，实际应用中饱和指数还存在以下几个弊端：

（1）无法定量判断水质稳定性，不能判断水质结垢和腐蚀的严重性程度。

（2）不能对同样的两个 $L.S.I.$ 值进行稳定性比较。如 pH 值分别为 6.5 和 10.5 的两个水样，对应的 pH_s 分别为 6.0 和 10.0，实际的，计算的 $L.S.I$ 都等于 +0.5（6.5-6.0=10.5-10.0=+0.5），照此判断均为结垢性水，但实际第一个水样为结垢性，第二个水样为腐蚀性。

2）稳定指数

虽然稳定指数是综合考虑温度、pH 值、硬度、碱度、溶解性固体等因素由经验公式计算得出的，并且在定量上与长期实践结果相一致，但它仍是以饱和 pH 值（pH_s）为基础的计算数值，也存在以下局限性：

（1）它只反映了化学作用，没有涉及电化学过程和复杂的物理结晶过程。

（2）没有考虑水中表面活性物质或络合离子的影响。

（3）忽略了碳酸钙之外的其他水垢的影响，例如磷酸钙垢或硫酸钙垢。

（4）与饱和指数一样，当水中有缓蚀剂或阻垢剂时，水的腐蚀或结垢倾向被抑制，此时稳定指数的判断失去意义。

3）碳酸钙沉淀势（Calcium Carbonate Precipitation Potential，简称 CCPP）

碳酸钙沉淀势也是一种以碳酸钙平衡理论为基础的水质稳定性判断方法，根据水中碳酸钙的平衡计算得到每升水中需要溶解或沉淀的碳酸钙数量，据此可以指导热水系统前端投加稳定剂的量，这是饱和指数和稳定指数都无法实现的。具体计算公式如下：

$$CCPP = 100([Ca^{2+}]_i - [Ca^{2+}]_{eq}) \qquad (1.2-4)$$

上式中钙离子的单位为 mol/L，下标 i 和 eq 分别代表原来的钙离子浓度和与碳酸钙平衡后的钙离子浓度，$CCPP$ 的单位为 mg/L $CaCO_3$，100 则是 mol/L 和 mg/L 的换算系数。

用碳酸钙沉淀势判断水质稳定性见表 1.2-9。

表 1.2-9　用碳酸钙沉淀势对水质稳定进行判断分析

碳酸钙沉淀势（mg/L）	水质稳定程度	碳酸钙沉淀势（mg/L）	水质稳定程度
$CCPP > 10$	严重结垢	$-5 < CCPP \leqslant 0$	轻微腐蚀
$4 < CCPP \leqslant 10$	轻度结垢	$-10 < CCPP \leqslant -5$	中度腐蚀
$0 < CCPP \leqslant 4$	基本稳定	$CCPP \leqslant -10$	严重腐蚀

$CCPP$ 可以通过实验测出，也可以通过理论计算得出，但推导过程较复杂，计算量较大。如借助计算机，也必须先进行差分，得出差分方程式，计算过程也较复杂。除计算法外，还可以通过 Phreeqc、Matlab、Caldwell-Lawrence 曲线等一些开源免费或商业软件以及图表法得到 $CCPP$。由于 $CCPP$ 与管材、介质流速、溶氧量等许多因素有关，单从理论上计算出的 $CCPP$ 值与实际情况有较大出入，对实际的指导意义不大，不推荐以此作为判断水质稳定性的依据。

4）饱和 pH 值（pH_s）的计算

（1）公式法

pH_s 值是基于碳酸钙溶解平衡状态时的 pH 值，受水温、钙离子浓度、含盐量等多种因素的影响，推导和计算过程较为复杂，本文介绍美国公众健康协会（APHA）和美国供水协会（AWWA）合编的《Standard Methods for Examination of Water and Wastewater》（2012 版）中的 pH_s 计算方法，计算公式如下：

$$pH_s = pK_2 - pK_s + p[Ca^{2+}] + p[HCO^-] + 5pf_m \qquad (1.2-5)$$

$$[HCO_3^-] = \frac{[Alk]_t - [Alk]_0 + 10^{(pf_m - pH)} - 10^{(pf_m + pH - pK_w)}}{1 + 0.5 \times 10^{(pH - pK_2)}} \qquad (1.2-6)$$

$$pf_m = A\left[\frac{\sqrt{I}}{1 + \sqrt{I}} - 0.30I\right] \qquad (1.2-7)$$

式中：　pK_2——碳酸的二级电离常数的负对数，与水温有关；

　　　　pK_s——碳酸钙溶度积的负对数，与水温、碳酸钙晶型有关；

　　　　pK_w——水的离解常数的负对数，与水温有关；

　　　　$[Ca^{2+}]$——钙离子浓度（mol/L）；

$[HCO_3^-]$——重碳酸盐离子浓度（mol/L）；

pf_m——一价离子活度系数的负对数，与水温、含盐量有关；

$[Alk]_t$——总碱度（mol/L）；

$[Alk]_0$——除 HCO_3^-、CO_3^{2-}、OH^- 外其他成分形成的碱度（mol/L）；

A——常数，与水温有关；

I——离子强度，与含盐量有关。

当有全部的水质组分分析数据时，I 可用下式计算：

$$I = 0.5 \times \sum_{i=1}^{i} [X_i] Z_i^2 \tag{1.2-8}$$

式中：X_i——各种组分离子浓度（mol/L）；

Z_i——离子所带电荷数，即化合价。

当缺乏水质成分数据时，I 可用下列公式计算：

$$I = TDS(总溶解性固体，mg/L)/40000 \tag{1.2-9}$$

$$I = 电导率(\mu s/cm) \times 1.6 \times 10^{-5} \tag{1.2-10}$$

若水的 pH 值＝6.0～8.5，则 $[HCO_3^-] \approx [Alk]_t$，则公式（1.3-5）可简化为：

$$pH_s = pK_2 - pK_s + p[Ca^{2+}] + p[Alk]_t + 5pf_m \tag{1.2-11}$$

计算中采用的相关参数见表 1.2-10。

表 1.2-10　pH_s 计算中不同水温下的 pK 和 A 值

水温（℃）	pK_s（方解石）	pK_2	pK_w	A
5	8.39	10.55	14.73	0.493
10	8.41	10.49	14.53	0.498
15	8.43	10.43	14.34	0.502
20	8.45	10.38	14.16	0.506
25	8.48	10.33	13.99	0.511
30	8.51	10.29	13.83	0.515
35	8.54	10.25	13.68	0.520
40	8.58	10.22	13.53	0.526
45	8.62	10.20	13.39	0.531
50	8.66	10.17	13.26	0.537
60	8.76	10.14	13.02	0.549
70	8.87	10.13	0.562	0.562
80	8.99	10.13	0.576	0.576
90	9.12	10.14	0.591	0.591

（2）公式法应用

某酒店客房出水水温 20℃，pH 值＝9.0，各成分的浓度检测见表 1.2-11，试求水

的 pH_s。

表 1.2-11　检测水样中各组分浓度

组分	浓度	组分	浓度
Ca^{2+}	3.80×10^{-3} mol/L	Cl^-	1.49×10^{-3} mol/L
Mg^{2+}	1.60×10^{-3} mol/L	碱度（以 $CaCO_3$ 计）	2.60×10^{-3} mol/g
Na^+	2.18×10^{-3} mol/L	硫酸盐	4.48×10^{-3} mol/L
K^+	1.28×10^{-4} mol/L	二氧化硅	2.50×10^{-4} mol/L

首先确定离子强度 I，根据表 1.2-11 中列出各组分的浓度，可采用式（1.2-8）计算：

$I=0.5\times[4\times(3.80\times10^{-3})+4\times(1.60\times10^{-3})+2.18\times10^{-3}+1.28\times10^{-4}+1.49\times10^{-3}+2.60\times10^{-3}+4\times(4.48\times10^{-3})]=2.29\times10^{-2}$ mol/L

根据式（1.2-7）计算 pf_m（水温 20℃时查表 1.2-10 可得 $A=0.506$）：

$$pf_m=0.506\times\left[\frac{\sqrt{2.29\times10^{-2}}}{1+\sqrt{2.29\times10^{-2}}}-0.3\times2.29\times10^{-2}\right]=0.063$$

由于 pH 值＝9.0，$[Alk]_0$ 可忽略不计，水温 20℃时查表 1.2-10 可得 $pK_2=10.38$，$pK_w=14.16$，根据式（1.2-6）计算 $[HCO_3^-]$：

$$[HCO_3^-]=\frac{2.60\times10^{-3}+10^{(0.063-9.0)}-10^{(0.063+9.0-14.16)}}{1+0.5\times10^{-3}}=2.54\times10^{-3}\text{mol/L}$$

可求得 $p[HCO^-]=2.60$，$p[Ca^{2+}]=2.42$，查表 1.3-10，$pK_s=8.45$。

由式（1.2-5）可得：

$$pH_s=10.38-8.45+2.42+2.60+5\times0.063=7.27$$

（3）查表法

水的 pH_s 随水中溶解固体总量、碱度、钙离子、温度等因素变化，以上公式用起来比较麻烦，为简化饱和 pH 值（pH_s）的计算，根据淡水大致固有的化学值，辅以温度因素，查表 1.2-12 得到相应的常数，按式（1.2-2）计算。

表 1.2-12　pH_s 计算的常数表

总溶解固体（mg/L）	N_s	水温	N_t	钙硬度（mg/L $CaCO_3$）	N_H	总碱度（mg/L $CaCO_3$）	N_A
50	0.07	0～2	2.6	10～11	0.6	10～11	1.0
75	0.08	2～6	2.5	12～13	0.7	12～13	1.1
100	0.10	6～9	2.4	14～17	0.8	14～17	1.2
200	0.13	9～14	2.3	18～22	0.9	18～22	1.3
300	0.14	14～17	2.2	23～27	1.0	23～27	1.4
400	0.16	17～22	2.1	28～34	1.1	28～34	1.5
600	0.18	22～27	2.0	35～43	1.2	35～43	1.6

续表 1.2-12

总溶解固体 （mg/L）	N_s	水温	N_t	钙硬度 （mg/L CaCO₃）	N_H	总碱度 （mg/L CaCO₃）	N_A
800	0.19	27～32	1.9	44～55	1.3	44～55	1.7
1000	0.20	32～37	1.8	56～69	1.4	56～69	1.8
1250	0.21	37～44	1.7	70～87	1.5	70～87	1.9
1650	0.22	44～51	1.6	88～110	1.6	88～110	2.0
2200	0.23	51～55	1.5	111～138	1.7	111～138	2.1
3100	0.24	55～64	1.4	139～174	1.8	139～174	2.2
≥4000 且≤13000	0.25	64～72	1.3	175～220	1.9	175～220	2.3
—	—	72～82	1.2	230～270	2.0	230～270	2.4
—	—	—	—	280～340	2.1	280～340	2.5
—	—	—	—	350～430	2.2	350～430	2.6
—	—	—	—	440～550	2.3	440～550	2.7
—	—	—	—	560～690	2.4	560～690	2.8
—	—	—	—	700～870	2.5	700～870	2.9
—	—	—	—	880～1000	2.6	880～1000	3.0

注：其他未详尽数值可采用内插法计算得出。

3. 我国部分城市热水水质分析

我国部分城市热水水质情况及结垢腐蚀倾向，见表1.2-13、表1.2-14。

表 1.2-13　国内部分饭店、宾馆水质情况

项目	水温（℃）	pH 值	溶解性总固体 （×10⁻⁶）	总碱度 （×10⁻⁶）	钙硬度 （×10⁻⁶）
北京××住宅区	42.9	7.80	122	38	407
北京××医院	54.5	7.60	124	10	215
北京××大学	37.1	7.90	164	36	324
××银行总行大厦	46.0	7.80	226	64	63
北京××酒店	43.3	7.60	160	53	420
长沙××国际酒店	42.5	7.84	116	63	69
武汉××酒店	45.3	8.49	201	104	95
武汉××医院	43.4	7.80	203	113	94
南阳××酒店	45.6	7.80	61	119	99
平顶山××大厦	44.9	8.03	245	91	109
许昌××酒店	47.9	8.22	154	97	97
郑州××酒店	45.3	8.11	169	199	216
上海××假日饭店	—	6.70	269	70	80
宁波××饭店	—	6.70	208	50	32
重庆××饭店	—	7.06	224	100	80
昆明××饭店	—	7.42	238	150	110

项目	水温（℃）	pH 值	溶解性总固体（×10⁻⁶）	总碱度（×10⁻⁶）	钙硬度（×10⁻⁶）
西安××饭店	—	7.60	314	190	150
乌鲁木齐××饭店	—	7.30	498	125	82
大连××假日饭店	—	7.20	177	70	24

表 1.2-14　水质结垢腐蚀倾向与程度

项目	饱和指数	稳定指数	结垢腐蚀倾向判断	
			饱和指数定性判断	稳定指数定量判断
北京××饭店	0.49	6.81	结垢倾向	基本稳定
北京××医院	−0.41	8.41	腐蚀倾向	严重腐蚀
北京××大学	0.48	6.94	结垢倾向	基本稳定
××银行总行大厦	−0.03	7.86	腐蚀倾向	严重腐蚀
北京××酒店	0.38	6.84	结垢倾向	基本稳定
长沙××国际酒店	−0.07	7.98	腐蚀倾向	严重腐蚀
武汉××酒店	1.06	6.37	结垢倾向	基本稳定
武汉××医院	0.37	7.06	结垢倾向	轻微腐蚀
南阳××酒店	0.43	6.95	结垢倾向	基本稳定
平顶山××大厦	0.59	6.84	结垢倾向	基本稳定
许昌××酒店	0.81	6.61	结垢倾向	基本稳定
郑州××酒店	1.29	5.53	结垢倾向	轻度结垢
上海××假日饭店	−1.2	9.1	腐蚀倾向	严重腐蚀
宁波××饭店	−1.7	10.1	腐蚀倾向	严重腐蚀
重庆××饭店	0.6	8.2	结垢倾向	严重腐蚀
昆明××饭店	0.0	7.5	基本稳定	轻微腐蚀
西安××饭店	0.5	6.7	结垢倾向	基本稳定
乌鲁木齐××饭店	−0.4	8.1	腐蚀倾向	严重腐蚀
大连××假日饭店	−1.3	9.8	腐蚀倾向	严重腐蚀

　　从表 1.2-14 中可以看出，饱和指数可以快捷直观地判断出水的结垢腐蚀倾向。对于仅需要了解水的稳定性情况，在日常的建筑热水系统运行监测中可以采用饱和指数来判断水质稳定情况。稳定指数基本可以定量判断水的结垢腐蚀程度，为后续采取水质稳定处理措施提供一定的参考和指导。在实际工程运行中，由于热水水质处理工艺和水质稳定药剂的品种不同，需与具体的工艺或药剂厂商探讨，以大量实验数据所得出的饱和指数尤其是稳定指数为指导，结合厂商运行经验数据，确定最优的热水水质稳定方案。

　　在一些情况下，饱和指数和稳定指数对水质结垢腐蚀倾向的判断会出现严重不一致，例如上述表中武汉××医院和重庆××饭店，饱和指数判断水质具有结垢倾向，而稳定指数判断水质达到严重或轻微腐蚀程度，究其原因，主要有以下几个方面：

　　1) 对于热水水质稳定性的判断，需在大量水质检测数据的基础上进行，不能以某一天或某几次的数据下定论。表中所列检测数据时间短，数据不足，难免存在误差。

2）由于饱和指数没有考虑系统中温度、pH 值、硬度等对热水水质的影响，当这些因素对水质产生足够大的影响时，饱和指数和稳定指数对水质稳定性判断会发生不一致的情况。

3）缓蚀剂和阻垢剂的影响，前文已经提到，当水中投加缓蚀剂或阻垢剂后，饱和指数和稳定指数失去判断意义。

4. 小结

（1）上文中提到的三种判断方法均是基于碳酸钙平衡理论来判断水质稳定性，所谓的腐蚀并不是直接预测水的腐蚀性，而是指作为保护层的碳酸钙溶解后，管道和设备直接裸露在水中，由于电化学等原因引起腐蚀，不同材质的管道和设备在相同条件下的腐蚀程度也不一样。例如，同等条件下，铝、不锈钢等合金在腐蚀问题上就不会像碳钢这么突出。

（2）饱和指数从理论上的热力学平衡角度出发，对水的结垢腐蚀倾向给出定性判断。稳定指数是在工程应用中总结出来的，比饱和指数更接近实际，而且基本可以定量地判断水的结垢与腐蚀程度。当在水中加入各种稳定剂后，这两种方法都会失去预测作用。因此，饱和指数和稳定指数对未加水质稳定剂的原水做水质性能判断仍是可取的。

（3）碳酸钙沉淀势 $CCPP$ 明确了每升水中需要溶解或沉淀的碳酸钙数量，可以作为指导热水系统前端稳定剂投加量的主要依据，这是饱和指数和稳定指数无法比拟的，但将 $CCPP$ 控制在什么范围可以保证水质稳定，目前尚无定论。

（4）鉴于稳定指数由实践规律总结而得出，并且在定量上与长期实践结果相一致，因此，建议将稳定指数作为判断热水水质结垢和腐蚀倾向的主要依据。

第2章 生活热水水质安全技术措施

2.1 生活热水水质安全技术概述

近年来随着我国经济发展，生活热水系统的应用也越来越广泛，其在酒店、公寓、住宅、医院等各类建设工程中均有应用。目前，生活用水的安全性虽然引起了广泛的关注和重视，但大多数集中在对生活冷水水质的研究方面，对于生活热水系统水质的研究相对较少。截至2017年底，国内对热水水质仍无专门的标准，对热水系统的要求多参照给水系统的标准，主要标准有《生活饮用水卫生标准》GB 5749—2006、《城镇给水排水技术规范》GB 50788—2012、《室外给水设计规范》GB 50013—2006（2014年版）、《建筑给水排水设计规范》GB 50015—2003（2009年版）、《二次供水工程技术规程》CJJ 140—2010等，上述标准中仅《建筑给水排水设计规范》GB 50015—2003（2009年版）对热水水质硬度做了一些规定。生活热水用水温度一般在30℃～40℃，供水温度在50℃～60℃，热水系统因水温、系统组成的不同，与冷水给水系统有很大差别。结垢、腐蚀是热水系统遇到的典型问题，此外某些耐热致病微生物易于在热水系统中生长繁殖，出水温度高于44℃时还可能造成使用者烫伤，因此有必要从热水系统的特点出发，对热水系统的设计、运行和维护提出具有针对性的要求。

2.2 《集中生活热水水质安全技术规程》条文释义

2.2.1 总则

本章条文共计3条，明确了规程的编制目的和适用范围。

1. 为保障集中生活热水供应系统的供水水质安全，做到技术先进、经济合理、节水节能，加强系统的维护管理，制定本规程。

【条文释义】本条阐明了本规程的制定目的。

生活热水系统与冷水系统有明显的不同，热水系统的水温在30℃～60℃，使得系统存在微生物（特别是军团菌）污染的可能；热水系统设置在给水系统的下游，系统中有换热设备、储热设备、调节阀门，热水的流程较冷水更长，热水的持续消毒作用很难保证。本规程基于热水系统的特点，提出保障热水系统水质安全的技术措施。

2. 本规程适用于新建、扩建、改建的工业与民用建筑中集中生活热水供应系统的设计、施工、验收、运行和维护管理。

【条文释义】本条规定了本规程的适用范围。

温泉热水供应系统的水温、水质根据使用功能不同差异较大，故不适用本规程。本规

17

程适用于工业建筑内的集中生活热水供应系统，不适用于工艺用热水。

3. 集中生活热水供应系统的水质安全除应执行本规程外，尚应符合国家现行有关标准、规范的要求。

【条文释义】作出了在执行本规程的同时尚应符合国家其他现行相关标准的规定。

对条文理解有疑问或争议时，可向编制组进行咨询。本规程条文中涉及的国家现行相关标准详见《规程》"引用标准名录"，并宜按国家标准、行业标准、产品标准的先后顺序执行；在国家标准及行业标准序列中，工程标准排序在产品标准之前。

2.2.2 术语

本章共有术语 7 条。

1. 集中生活热水供应系统　central domestic hot water supply system

除供给单栋别墅、住宅的单个住户、单个厨房餐厅、公共建筑的单个卫生间或淋浴间等用房热水以外的生活热水供应系统。

【条文释义】对于规模较大的热水系统，如果设置了集中换热或加热设备、循环水泵，虽按本条其并不是集中生活热水供应系统，但考虑到使用的安全性，建议按集中系统考虑。

2. 水加热设备出水水温　water temperature of heating equipment outlet

单台水加热设备指其出口处的水温；串联水加热设备指其最末一级加热设备的出水水温。

【条文释义】水加热设备出口处的水温可通过设在对应管道上的温度计获得，如果水加热设备本体上的温度计可以反映出口水温，亦可不单设温度计。

3. 总硬度（以 $CaCO_3$ 计）　total hardness

1L 水中构成硬度的钙、镁离子浓度折算成碳酸钙的含量（以 mg/L 计）。

【条文释义】总硬度是指水中 Ca^{2+}、Mg^{2+} 的总量，它包括暂时硬度和永久硬度。水中 Ca^{2+}、Mg^{2+} 以碳酸盐形式存在的部分，因其遇热即形成碳酸盐沉淀而被去除，称之为暂时硬度；而以硫酸盐、硝酸盐和氯化物等形式存在的部分，因其性质比较稳定，不能够通过加热的方式去除，故称为永久硬度。总硬度即暂时硬度与永久硬度之和。通常使用的 1 德国度相当于 1L 水中含 10mg 的 CaO（17.9mg $CaCO_3$）。

4. 电伴热　electric heat tracing

用电热的能量来补充被伴热体在工艺流程中所散失的热量，从而维持流动介质合理的温度。

【条文释义】管线伴热的形式有蒸气伴热、热水伴热、电伴热。适用于民用建筑热水系统的伴热形式为电伴热。

5. 生活热水自调控电伴热　self-regulating electric heat tracing of domestic hot water

依据伴热温度（45℃～70℃）要求按需供热，可随生活热水所需补充热量自动调节输出功率的电伴热。

【条文释义】目前市场上的电热带一般均能够自动限制加热时的温度，并随被加热体的温度自动调节输出功率而无任何附加设备。但是生活热水系统的电热带所需维持的温度有具体要求，一般防冻用电热带的使用环境温度、发热量与热水系统差别很大，因此设计师在使用中应注意选择适用于热水系统的相关产品。

6. 高温灭菌 heat sterilization

通过定时升高热水供应系统水温，并持续一定时间，达到高温灭活致病菌的日常消毒方式。

【条文释义】高温灭菌是发达国家应用比较广泛的灭菌方式，并有相关的产品，一般是智能温控阀门，阀门具有定时升高系统温度的功能。

7. 热冲击灭菌 thermal shock sterilization

致病菌事故后，通过临时升高热水供应系统水温，对用水点进行冲洗，达到短时间高温灭活致病菌的应急消毒方式。

【条文释义】原理与高温灭菌相同，致病菌事故发生后，用水点已被污染，因此需要对用水终端冲洗灭菌。

2.2.3 基本规定

本章条文共计6条，对工程设计中的一些共性问题做了原则性规定。

1. 集中生活热水供应系统应在保证水质安全的同时，满足使用舒适、节能、节水的要求。

【条文释义】集中生活热水供应系统水质安全的最大威胁来自于军团菌、分枝杆菌等，它们的存在必须引起高度重视。本条提出了集中生活热水供应系统的设计要求，在有效抑制军团菌和其他微生物繁殖的前提下，满足用户对水量和水压等的要求。工程设计中不能因为舒适、节能、节水等原因，以牺牲水质安全为代价。

2. 集中生活热水供应系统所采用的设备、阀门、管道和附件等不应影响热水的水质安全，应符合现行国家标准《生活饮用水输配水设备及防护材料的安全性评价标准》GB/T 17219的要求。

【条文释义】集中生活热水供应系统中与水接触的材料不应影响热水水质。现行国家标准《生活饮用水输配水设备及防护材料的安全性评价标准》GB/T 17219适用于与饮用水及饮用水处理剂直接接触的物质和产品，这些物质和产品系指用于饮用水供水系统的输配水管、设备和机械部件（如阀门、加氯设备、水处理剂加入器等）以及防护材料（如涂料、内衬等）。

3. 集中生活热水供应系统所采用的水处理药剂应符合现行国家标准《饮用水化学处理剂卫生安全性评价》GB/T 17218 的要求。

【条文释义】现行国家标准《饮用水化学处理剂卫生安全性评价》GB/T 17218适用于混凝、絮凝、消毒、氧化、pH值调节、软化、灭藻、除氟、氟化等用途的饮用水化学处理。

4. 集中生活热水供应系统所采用的消毒剂和消毒设备的卫生要求应符合卫生部相关规定。

【条文释义】卫生部2005年发布《生活饮用水消毒剂和消毒设备卫生安全评价规范》（试行），该规范规定了用于生活饮用水消毒的消毒剂和消毒设备的卫生安全要求和检验方法，集中生活热水供应系统所采用的消毒剂和消毒设备亦应符合该规范的要求。

5. 热水管道管材与连接方式除应满足产品标准、技术规程外，还应耐腐蚀、防止致病菌的滋生、有利于保证水质安全。

【条文释义】目前应用于热水系统的管材通常有衬塑管、不锈钢管、塑料管，管道的腐蚀问题基本得到解决，但是管道接口成为薄弱环节，对于金属管道的法兰接口、沟槽接口的二次防腐问题必须得到重视。

6. 集中生活热水供应系统所采用的电气设备应符合现行国家标准《国家电气设备安全技术规范》GB 19517、《生产设备安全卫生设计总则》GB 5083 的要求。

【条文释义】现行国家标准《国家电气设备安全技术规范》GB 19517 对电气设备安全技术要求（电击危险防护、机械危险防护、电气连接和机械连接、运行危险防护、电源控制及其危险防护等）有详细的规定。现行国家标准《生产设备安全卫生设计总则》GB 5083 规定了各类生产设备安全卫生设计的基本原则、一般要求和特殊要求，适用于除空中、水上交通工具、水上设施电气设备以及核能设备之外的各类生产设备。

2.2.4 热水水温及水质

本章条文共计 6 条，明确了集中生活热水的水温要求和热水水质指标要求，并给出了相应的保证措施。

1. 集中生活热水供应系统的水温应符合下列规定：

1）水加热设备出水水温，医院、疗养院、养老院、幼儿园等类型建筑不应低于 60℃，其他建筑不应低于 55℃；

2）集中生活热水供应系统回水温度不应低于 50℃；

3）水温不满足以上任一要求时，应采取能够有效灭菌的技术措施，且水加热设备出水温度降低不应超过 5℃；

4）用水点水温不应低于 46℃；

5）水加热设备的出水温度不应大于 70℃。

【条文释义】本条关于热水水温的规定是要在保证水质安全的同时兼顾使用的安全性、舒适性以及节能。

1）水加热设备出水水温：单台水加热设备指其出口处的水温；串联水加热设备指其最末一级加热设备的出水水温。项目设计阶段，医院、疗养院、养老院、幼儿园等类型建筑的热水计算温度应取 60℃，其他建筑的热水计算温度应取 55℃；设计人员可按照 60℃对应的热水用水定额折算为 55℃的热水用水定额。项目调试或运营阶段，应实时监测水加热设备储水罐体上温度计或温度传感器显示读数，该测定温度不应低于设定温度（60℃或 55℃）且不应高于 70℃。

水加热设备出水水温设定不应低于 60℃或 55℃是兼顾军团菌防治和热水系统结垢控制两方面因素而得出的。一方面，世界卫生组织（WHO）建议为预防军团菌的繁殖，应避免水温处于 25℃～45℃；理想的冷水水温应低于 20℃，理想的热水水温在 50℃以上。《生活热水水质标准》CJ/T 521—2018 中规定水温不应低于 46℃，55℃的水温能有效避免军团菌的滋生，60℃的水温可以有效灭杀存活的军团菌。另一方面，较高的热水水温会加剧热水管网及其附属设备的结垢，从而对热水系统造成一定程度的破坏。当温度超过60℃时，热水系统的结垢析出量明显增大，其增长率随温度升高而增大。可见，55℃的水温既能有效避免军团菌的滋生，又能有效降低热水系统结垢的风险，因此一般建筑水加热设备出水水温设定不应低于55℃。由于医院、疗养院、养老院、幼儿园等类型建筑的热水使用者多为易感人群,存在各种疾病传播的可能,因此规定其热水供水温度不应低于60℃。

2) 集中生活热水供应系统回水温度:接入水加热设备的热水回水管道与冷水混合前的水温。全日供应的热水系统,温度传感器设于热水循环泵附近吸水管上,当温度低于设定温度(50℃或55℃)时,循环泵启动。热水循环泵的设计启动温度不应低于50℃。

设计系统回水温度不应低于50℃首先是为了预防军团菌的繁殖,同时也控制热水系统配水管道的温度差不大于10℃,进而控制配水管道的热损失。

3) 当水加热设备出水水温无法保证60℃(医院、疗养院、养老院、幼儿园等类型建筑)/55℃(其他建筑),或集中生活热水供应系统回水温度低于50℃时,应采取有效的灭菌技术措施。可行的办法有:在供水干管上设置紫外光催化二氧化钛设备;采用高温灭菌方法,使用前临时升高温度对管网进行灭菌处理。

太阳能、热泵等热源形式,存在水温不稳定或较低的情况,为了保证热水水质,需采用高效换热措施提高水加热设备出水水温,当水加热设备出水水温低于60℃或55℃时应采取能够有效灭菌的技术措施。对于淋浴室单管热水供应系统,其供水水温低于50℃时,必须采取有效的灭菌技术措施。

4) 此处规定的用水点水温指冷热水混合前的热水温度,热水使用水温应符合现行国家标准《建筑给水排水设计规范》GB 50015的规定。对于淋浴室单管热水供应系统,单管供水温度不低于46℃是指混水阀前温度。多数文献认为预防军团菌的最低温度为46℃,《生活热水水质标准》CJ/T 521—2018中规定水温不应低于46℃。项目设计阶段计算热水系统的配水管网热损失时,应保证最不利用水点水温不低于46℃;计算时,可选择较好(导热系数低)的保温材料(例如酚醛泡沫制品)来降低不必要的管网热损失,同时降低系统所需的循环流量,即降低集中热水系统的运行能耗。

5) 规定水加热设备的出水最高温度不应大于70℃,是为满足特殊热水使用要求(如洗衣房用水)而适当提高热水温度,但应避免设备和系统的结垢或腐蚀。

2. 集中生活热水供应系统的热水原水水质应符合现行国家标准《生活饮用水卫生标准》GB 5749的要求,热水水质指标应符合现行行业标准《生活热水水质标准》CJ/T 521的要求。

【条文释义】本条分别阐述了对集中生活热水供应系统的冷水水质和热水水质的要求。本书第一章已详细阐述冷水水质和热水水质的区别。保证热水水质的前提是保证其原水(即冷水)水质符合现行国家标准《生活饮用水卫生标准》GB 5749的要求,一般认为市政自来水均满足现行国家标准《生活饮用水卫生标准》GB 5749的要求;同时还应保证热水水质符合现行行业标准《生活热水水质标准》CJ/T 521的要求。

3. 集中生活热水供应系统水质稳定在下列情况可采用难溶性复合聚磷酸盐法:

1) 集中生活热水供应系统水温不大于80℃、硬度不大于360mg/L;

2) 腐蚀导致色度大于5度;

3) 水中含铁量超过0.3mg/L。

【条文释义】本条推荐采用难溶性复合聚磷酸盐法解决热水系统的腐蚀结垢问题,并规定了其使用范围。

难溶性复合聚磷酸盐的化学分子式 $NaO—(NaPO_3)_n—ONa$，其中 $n=8\sim10$。聚磷酸盐可与水中 Ca^{2+}、Mg^{2+}、Fe^{2+}（M^{2+}）等离子结合，形成单环或双环螯合物，如图 2.2-1 所示。其中单分子聚磷酸钠能螯合 200 个分子 Ca、Mg 盐，如图 2.2-2 所示。

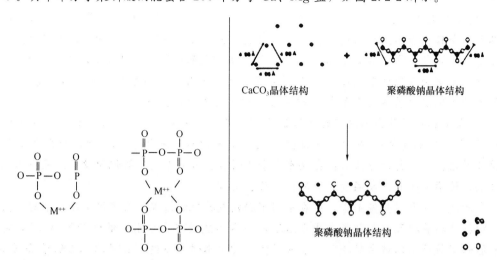

图 2.2-1　聚磷酸盐与阳离子螯合原理　　　　图 2.2-2　聚磷酸钠与分子螯合原理

所形成的钙铁磷酸盐覆盖在金属管道表面能防止金属的腐蚀。

$$2Fe^{2+} + 2H_2O + O_2 \longrightarrow 2Fe(OH)_2$$
$$2NaHPO_4 + Ca(HCO_3)_2 \longrightarrow Ca(H_2PO_4)_2 + 2NaHCO_3$$
$$Ca(HCO_3)_2 + 2Fe(OH)_2 \longrightarrow CaFe(PO_4)_2 + 4H_2O$$

难溶性复合聚磷酸盐法可以防止垢下腐蚀，防止蚀孔扩大或渗漏。因为硅酸盐的胶溶性能使钙铁盐的覆盖缓慢进行，从而得到牢固的保护层。

同时，难溶性复合聚磷酸盐在水中的加入量可控制在卫生允许浓度范围内（聚磷酸盐 $<12mg/L\ P_2O_n$，硅酸盐 $<10mg/L\ SiO_2$），并能保证水质稳定。国外对饮用水中聚磷酸盐的应用发布了标准，见表 2.2-1。

表 2.2-1　国外相关标准对饮用水中聚磷酸盐的规定

相关标准	标准号	成分	单位	使用剂量
《生活用水水处理产品——多聚磷酸钙钠》	欧洲标准 EN1208 欧洲标准委员会 CEN1997.9.26 通过	磷酸盐	mg/L（P_2O_5计）	≤5
《涉及饮用水处理化学制剂——健康影响》	美国国家卫生基金会 NSF60	磷酸盐	mg/L（P_2O_5计）	≤12
《供水系统防锈剂及管理规格》	日本厚生省 环企 第 93 号 JACC-W-1974	磷酸盐 磷酸盐＋硅酸盐	mg/L（P_2O_5） mg/L（$P_2O_5+SiO_2$）	≤5 ≤5

我国自 1992 年引进国外食品级的难溶性复合聚磷酸盐，应用于建筑物内给水、热水系统，在技术和经济上都取得了很好效果。

4. 集中生活热水供应系统的水质软化处理应符合下列规定：

1）当洗衣房日用热水量（按60℃计）大于或等于10m³且原水总硬度大于300mg/L时，应进行水质软化处理；原水总硬度为150mg/L～300mg/L时，宜进行水质软化处理；

2）其他生活日用热水量（按60℃计）大于或等于10m³且原水总硬度大于300mg/L时，宜进行水质软化或缓蚀阻垢处理；

3）经软化处理后的水质总硬度度宜为：

① 洗衣房用水：50mg/L～100mg/L；

② 其他用水：75mg/L～120mg/L。

【条文释义】国内研究报告《北方地区热水供应系统最佳加热水温选值》表明：硬度低于10德国度（以$CaCO_3$计178mg/L）时，在各种温度条件下析出垢量少，且随温度变化缓慢；硬度大于14德国度（以$CaCO_3$计250mg/L）时，在各种温度条件下析出垢量多，且随温度变化显著。

当热水原水中总硬度小于100mg/L时，应对设备及管道系统采取防腐措施。硬度小于100mg/L时，水质具有腐蚀倾向，宜采用不锈钢材质的设备和管材。

5. 集中生活热水供应系统水质稳定的物理处理方法宜符合下列规定：

1）当水温不大于80℃，硬度不大于700mg/L时，可采用静电除垢仪，最高工作压力1.0MPa。

2）当水温不大于95℃，硬度不大于550mg/L时，可采用电子水处理器，最高工作压力1.6MPa。

3）当水温不大于130℃，硬度不大于500mg/L，含盐量小于3000mg/L时，可采用磁化水处理器，最高工作压力2.0MPa。

【条文释义】静电除垢仪的阳极耐磨损不粘附，可以用于水质硬度较高的系统，一般只适用于碳酸盐垢型的水质；当水中的主要结垢成分是硅酸盐垢时，不宜使用。工作压力为额定工作压力，如有特殊要求，可咨询厂家定做更高压力等级的产品。

电子水处理器发射极（阳极）表面的保护膜易被磨损，易粘附污物，只能用于水质硬度相对较低的清水系统。与静电除垢仪一样，一般只适用于碳酸盐垢型的水质；当水中的主要结垢成分是硅酸盐垢时，不宜使用。工作压力为额定工作压力，如有特殊要求，可咨询厂家定做更高压力等级的产品。

除海岛和沿海地区有海水回灌情况外，一般情况下自来水的总含盐量为数百至1000mg/L，磁化水处理器对一般的城市给水系统均适用。

6. 热水原水中氯化物含量不宜大于200mg/L，当氯化物含量大于200mg/L时宜采取处理措施。

【条文释义】水中氯化物含量大于200mg/L时，可采用阴离子树脂去除水中的氯离子，或通过合理选用设备和管材避免氯化物的影响。

【应用实例】某酒店建筑集中生活热水供应系统的水温设计

根据《规程》第4.0.1条规定，酒店建筑集中生活热水供应系统的水加热设备出水水温不应低于55℃且不应大于70℃，系统回水温度不应低于50℃。设计中，热水计算温度取55℃，并通过管道保温材料及循环流量的设计选取来保证各节点处热水温度不低于50℃。

三亚某20层海景酒店建筑，4层～20层为客房层，每层设有14套标准间和1处洗消间；每套标准间卫生间的浴盆、淋浴和洗脸盆设热水供应，洗消间内的洗手盆设热水供应。水加热设备采用容积式水加热器，以空调回收热为热媒。共分三个区供水，4 层～9 层为低区，10 层～15 层为中区，16 层～20 层为高区，各区管网采用上行下给式干、立管循环，干、立管均采用酚醛泡沫制品保温（$\eta=0.8$），室内气温为 20℃。以低区供水系统为例，冷水供水压力为 80m H_2O，管网布置如图 2.2-3 所示。计算热水器出水温度为 55℃时低区各管段终点水温及管网热损失，如表 2.2-2 所示。

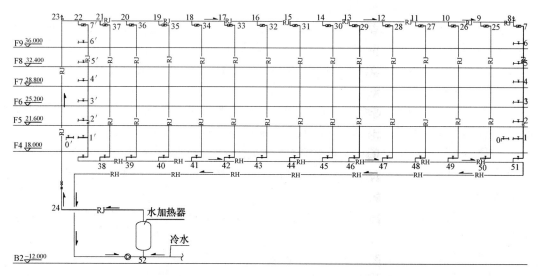

图 2.2-3　三亚某酒店建筑热水系统计算简图

计算中室内环境温度取 20℃，管道保温层厚度取 20mm，保温材料选用酚醛泡沫制品（保温系数 $\eta=0.8$）。

表 2.2-2　某酒店建筑配水管网热损失计算表（水初温 55℃；酚醛泡沫保温）

节点编号	管段编号	管段长度 l (m)	管径 DN (mm)	温降因素 M 正向	温降因素 M 侧向	节点水温 t_z (℃)	管段平均水温 t_m (℃)	热损失 (kJ/h) 每米 ΔW	热损失 (kJ/h) 正向 W	热损失 (kJ/h) 侧向 W'	热损失 (kJ/h) 累计 ΣW	循环流量 q (L/h)	节点水温 t'_L (℃)
0						50.0							50.0
1	0～1	5.5	25	0.044		50.3	50.2	10.6	58.3		58.3	67.6	50.2
2	1～2	3.6	25	0.029		50.5	50.4	10.6	38.2		96.5	67.6	50.3
3	2～3	3.6	32	0.023		50.7	50.6	12.7	45.9		142.4	67.6	50.5
4	3～4	3.6	40	0.018		50.8	50.7	15.2	54.6		197.0	67.6	50.7
5	4～5	3.6	40	0.018		50.9	50.9	15.2	54.6		251.6	67.6	50.9
6	5～6	3.6	50	0.014		51.0	51.0	18.2	65.4		317.0	67.6	51.1
7	6～7	3.6	50	0.014		51.1	51.1	18.2	65.4		382.4	67.6	51.4
8	7～8	1.7	50	0.007		51.1	51.1	18.2	30.9		413.3	67.6	51.5

节点编号	管段编号	管段长度 l (m)	管径 DN (mm)	温降因素 M 正向	温降因素 M 侧向	节点水温 t_z (℃)	管段平均水温 t_m (℃)	热损失 (kJ/h) 每米 ΔW	热损失 (kJ/h) 正向 W	热损失 (kJ/h) 侧向 W'	热损失 (kJ/h) 累计 ΣW	循环流量 q (L/h)	节点水温 t'_L (℃)
9	8～9	9.9	50	0.040		51.4	51.3	18.2	179.9		593.2	67.6	52.1
0′						50.0							50.0
1′	0′～1′	1	15	0.013		50.1	50.0	7.5	7.5		7.5	16.0	50.1
2′	1′～2′	3.6	15	0.048		50.4	50.3	7.5	27.0		34.5	16.0	50.5
3′	2′～3′	3.6	25	0.029		50.6	50.5	10.6	38.2		72.6	16.0	51.1
4′	3′～4′	3.6	25	0.029		50.8	50.7	10.6	38.2		110.8	16.0	51.7
5′	4′～5′	3.6	25	0.029		51.1	50.9	10.6	38.2		149.0	16.0	52.2
6′	5′～6′	3.6	25	0.029		51.3	51.2	10.6	38.2		187.2	16.0	52.8
7′	6′～7′	3.6	32	0.023		51.3	51.2	12.7	45.9		233.1	16.0	53.5
22	7′～22	2.25	32		0.014	51.4	51.3	12.7	28.7	28.7	261.8	16.0	53.9
50	50～25	21.6			0.160	50.2	50.8			382.4	382.4	47.1	50.0
25	25～9	1.7	50		0.007	51.4	51.4	18.2		30.9	413.3	47.1	51.9
10	9～10	13	50	0.052		51.8	51.6	18.2	236.2		1242.8	114.7	52.6
49	49～26	21.6			0.160	50.3	50.9			382.4	382.4	56.4	50.0
26	26～10	12.6	50		0.050	51.4	51.6	18.2		229.0	611.4	56.4	51.6
11	10～11	1.5	65	0.005		51.8	51.8	22.7	34.0		1888.2	171.1	52.6
48	48～27	21.6			0.160	50.6	51.2			382.4	382.4	39.8	50.0
27	27～11	3.1	50		0.012	51.7	51.8	18.2		56.3	438.8	39.8	52.3
12	11～12	0.25	65	0.001		51.8	51.8	22.7	5.7		2332.6	210.8	52.6
47	47～28	21.6			0.160	50.6	51.2			382.4	382.4	37.8	50.0
28	28～12	2	50		0.008	51.8	51.8	18.2		36.3	418.8	37.8	52.4
13	12～13	4.71	65	0.014		51.9	51.9	22.7	106.7		2858.1	248.7	52.7
46	46～29	21.6			0.160	50.8	51.3			382.4	382.4	35.7	50.0
29	29～13	1.54	50		0.006	51.9	51.9	18.2		28.0	410.4	35.7	52.6
14	13～14	9.9	65	0.030		52.2	52.0	22.7	224.3		3492.9	284.4	52.9
45	45～30	21.6			0.160	51.0	51.5			382.4	382.4	33.4	50.0
30	30～14	1.54	50		0.006	52.1	52.1	18.2		28.0	410.4	33.4	52.7
15	14～15	9.9	65	0.030		52.4	52.3	22.7	224.3		4127.6	317.8	53.1
44	44～31	21.6			0.160	51.2	51.8			382.4	382.4	31.6	50.0
31	31～15	1.54	50		0.006	52.3	52.3	18.2		28.0	410.4	31.6	52.9

节点编号	管段编号	管段长度 l (m)	管径 DN (mm)	温降因素 M 正向	温降因素 M 侧向	节点水温 t_z (℃)	管段平均水温 t_m (℃)	热损失 每米 ΔW	热损失 正向 W	热损失 侧向 W'	热损失 累计 ΣW	循环流量 q (L/h)	节点水温 t'_L (℃)
16	15~16	9.9	65	0.030		52.6	52.5	22.7	224.3		4762.4	349.4	53.3
43	43~32	21.6			0.160	51.4	52.0			382.4	382.4	30.1	50.0
32	32~16	1.54	50		0.006	52.5	52.6	18.2		28.0	410.4	30.1	53.0
17	16~17	9.9	80	0.025		52.8	52.7	27.1	268.6		5441.4	379.5	53.4
42	42~33	21.6			0.160	51.6	52.1			382.4	382.4	28.6	50.0
33	33~17	1.54	50		0.006	52.7	52.7	18.2		28.0	410.4	28.6	53.2
18	17~18	9.9	80	0.025		52.9	52.9	27.1	268.6		6120.4	408.1	53.6
41	41~34	21.6			0.160	51.8	52.3			382.4	382.4	27.4	50.0
34	34~18	1.54	50		0.006	52.9	52.9	18.2		28.0	410.4	27.4	53.3
19	18~19	9.44	80	0.024		53.1	53.0	27.1	256.1		6787.0	435.5	53.7
40	40~35	21.6			0.160	51.9	52.5			382.4	382.4	26.5	50.0
35	35~19	1.65	50		0.007	53.1	53.1	18.2		30.0	412.4	26.5	53.5
20	19~20	0.25	80	0.001		53.1	53.1	27.1	6.8		7206.2	461.9	53.7
39	39~36	21.6			0.160	51.9	52.5			382.4	382.4	26.8	50.0
36	36~20	2	50		0.008	53.1	53.1	18.2		36.3	418.8	26.8	53.4
21	20~21	9.62	80	0.024		53.3	53.2	27.1	261.0		7886.0	488.8	53.9
38	38~37	21.6			0.160	52.1	52.7			382.4	382.4	25.6	50.0
37	37~21	1.7	50		0.007	53.2	53.3	18.2		30.9	413.3	25.6	53.6
22	21~22	4.7	80	0.012		53.4	53.3	27.1	127.5		8426.9	514.4	53.9
23	22~23	2.4	80	0.006		53.4	53.4	27.1	65.1		8753.8	530.4	53.9
24	23~24	48	80	0.120		54.3	53.6	27.1	1302.4		10056.1	530.4	54.5
水	24~水	38.6	80	0.097		55.0	54.6	27.1	1047.3		11103.4	530.4	55.0
	合计			0.702									

根据对管网热损失的计算，为保证最不利用水点处的水温≥50℃，当水加热器出水温度设计为55℃时，系统循环流量应保证 q_x＝530.4L/h，此时系统的总热损失为11103.4kJ/h。

2.2.5 系统设计

1. 集中生活热水供应系统应按下列要求设置循环系统：

1）配水点连续放水，水温不低于46℃的出水时间：对于住宅不得大于15s，公共建筑不得大于10s，并应符合其他规范的相关要求；

2）集中生活热水供应系统应设热水回水管和循环泵，保证干管和立管中的热水循环；

3）当建筑集中生活热水供应系统的干管、立管循环不满足本条第1款要求时，应设支管循环或采用生活热水自调控电伴热。

【条文释义】本条目的是限制军团菌在不能循环的热水支管及配水点滋生。为保护使用者，规定了最不利配水点热水的供水温度不低于46℃的出水时间。《住宅设计规范》GB 50096—2011中要求用水点热水出水时间不大于15s；《旅馆建筑设计规范》JGJ 62—2014规定：一级至三级旅馆建筑用水点热水出水时间不应大于10s，四级、五级旅馆建筑不应大于5s；《综合医院建筑设计规范》GB 51039—2014提出热水系统任何用水点在打开用水开关后宜在5s～10s内出热水。

根据上述规范要求，经计算不循环支管最大长度见表2.2-3。

表2.2-3 不循环支管最大长度

支管管径 (mm)	出水时间 15s	出水时间 10s	出水时间 5s
	管长（m）	管长（m）	管长（m）
15	12.9	8.6	4.3
20	7.2	4.8	2.4
25	4.6	3.1	1.5

注：本表以单个水嘴或淋浴器出水流量0.15L/s计算。

国外有研究表明：热水系统不循环支管容易形成死水区，因温度间歇波动，从而对支管或循环干管有军团菌污染的潜在风险。从水质安全角度考虑，热水系统宜做支管循环或者采用支管电伴热维持支管的水温。

支管电伴热采用带铝箔保护层以适用于较高工作温度（45℃～70℃）的电热带；电热带发热功率可随环境温度变化而变化（6W/m～15W/m），当环境温度升高时，发热功率降低，反之则发热功率升高。经设支管电伴热的工程测算：采用支管自调控电伴热与采用支管循环比较，虽然前者一次投资大，但节能效果显著，如居住建筑的支管采用定时自调控电伴热，按每天伴热6h计，比支管循环节能约70%，运行2年～3年节能节省的能源费可回收一次投资费用。

【实施要点】

1）对水温要求较高且管道同程布置的建筑（如高级宾馆）宜采用支管循环；对于用水点分散的建筑，可通过多设立管、设分支管循环泵、采用专用循环阀件管件、生活热水自调控电伴热等措施保证水温，应根据项目具体情况经经济技术比较确定。

2）设分户水表计量的居住建筑不宜采用支管循环系统。

3）采用支管自调控电伴热，支管宜走吊顶，如敷设在垫层时，垫层需增加厚度。

2. 热水循环系统应保证热水的循环效果，热水循环系统的设置应符合现行国家标准《建筑给水排水设计规范》GB 50015的相关要求。

【条文释义】现行国家标准《建筑给水排水设计规范》GB 50015要求针对不同的系统采用适当的措施来保证循环效果。

【实施要点】保证热水循环效果的主要措施有：供回水管同程布置，在回水立管上设小循环泵、温控循环阀、流量平衡阀、导流三通、大阻力短管等小泵、阀件、管件，加大循环泵的流量。

3. 热水箱应加盖，并应设溢流管、泄水管和引出室外的通气管；泄水管、溢流管不得与排水管道直接连接，空气间隙不应小于150mm；溢流管、泄水管、通气管应设防虫网罩。

【条文释义】本条对热水箱配件的设置提出防水质污染要求。热水箱加盖是防止受空气中的尘土、杂物污染，并避免热气四逸。泄水管是为了在清洗、检修时泄空，将通气管引至室外的目的是避免热气散逸在室内。

4. 热水供应系统膨胀罐宜设置在水加热设备的热水原水管上，当设置在循环回水管上时，膨胀罐不应有滞水区。

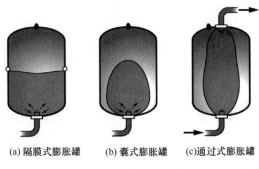

(a) 隔膜式膨胀罐　　(b) 囊式膨胀罐　　(c)通过式膨胀罐

图 2.2-4　不同形式的膨胀罐

【条文释义与实施要点】普通的膨胀罐为系统的滞水区，如图 2.2-4(a)、(b) 所示，如果设置在热水供水或回水管路，水温会高于20℃且低于50℃，军团菌容易繁殖，设置在冷水补水管上可以保证水温低于20℃，能够抑制军团菌。当设置在循环回水管上时，应采用图 2.2-4(c) 无滞水区的膨胀罐。

5. 开式热水系统膨胀管宜引至高位消防水箱、中水箱（清水箱）等非生活饮用水箱，空气间隙不应小于150mm，不得进入生活饮用水箱。

【条文释义与实施要点】开式热水系统膨胀管排水应尽可能引至消防水箱、中水箱（清水箱）等非生活饮用水箱回收利用；不能回收利用时，膨胀管可引至屋面等有排水设置的安全区域。膨胀管不得进入生活饮用水箱是防止热水系统中的水升温膨胀时，膨胀的水量返流至生活用冷水箱，引起该水箱内水体的热污染。

6. 水加热设备、储热设备、热水供回水管均应做防热损失保温。

【条文释义与实施要点】为了保证集中生活热水供应系统的水质安全，同时达到节水节能的目的，要求水加热设备、储热设备、热水供回水管均做保温，保温层的厚度应经计算确定并满足现行国家标准《建筑给水排水设计规范》GB 50015 的规定。

2.2.6　设备及管道

1. 设备

1）水加热设备和储热设备罐体，应根据水质情况及使用要求采用耐腐蚀材料制作，或在钢制罐体内表面衬不锈钢、铜等防腐面层。

【条文释义与实施要点】水加热设备、储热设备储存有一定温度的热水，水中溶解氧析出较多，当采用钢板制作时，氧腐蚀比较严重，易恶化水质和污染卫生器具。这种情况在我国以水质较软的地面水为水源的南方地区更为突出。因此，水加热设备和储热设备宜根据水质条件采用耐腐蚀材料（如不锈钢、铁素体不锈钢、不锈钢复合板等）制作，或衬不锈钢、铜等防腐面层。当水中氯离子含量较高时宜采用钢板衬铜，或采用 316L 不锈钢、444 铁素体不锈钢。衬面层时应注意两点：一是面层材质应符合现行有关卫生标准的要求，二是衬面层工艺必须符合相关规定，保证面层密实牢固。

2）选择水加热设备时，应根据热源或热媒的供应能力合理配置储热量。医院、疗养院、养老院、幼儿园等建筑应采用无冷水、温水滞水区的水加热设备，其他建筑宜采用无冷水、温水滞水区的水加热设备。

【条文释义与实施要点】医院建筑不得采用有滞水区的水加热设备，带有滞水区的水加热设备，其滞水区的水温一般在20℃～30℃，是细菌繁殖生长最适宜的环境，国外报道在带滞水区的容积式水加热器中发现军团菌等致病菌。即便热水系统采用了紫外光催化二氧化钛、银离子发生器等有效的灭菌设施，但因水加热设备的滞水区有可能长期滞水，不能有效灭菌，因此医院等易感人群较多的场所，不得采用带滞水区的水加热设备。国内近十多年来研发成功的半容积式水加热器、半即热式水加热器，运行时无冷水、温水滞水区，适用于医院等建筑集中生活热水系统。导流型水加热器能有效避免滞水区，设计中应优先选用。热水系统的储热水罐、水箱，进水管和出水应合理设置，避免形成滞水区，水箱内可设置导流隔板。太阳能热水系统、空气源热泵热水系统选型参见现行国家标准《建筑给水排水设计规范》GB 50015 的规定。

2. 管道

集中生活热水供应系统宜采用薄壁不锈钢管、铜管、氯化聚氯乙烯（PVC-C）塑料热水管和复合管等管材。

【条文释义与实施要点】热水供应系统干管、立管宜采用薄壁不锈钢、铜管、氯化聚氯乙烯（PVC-C）、聚丁烯（PB）热水管，支管可采用薄壁不锈钢、铜管、氯化聚氯乙烯（PVC-C）、聚丁烯（PB）和无规共聚聚丙烯（PP-R）等热水用塑料管。管材选用应根据项目特点经综合比较后确定。

不同管材的特点见表 2.2-4。

表 2.2-4　不同管材的性能比较

管材	物理性能	化学生物性能
薄壁不锈钢	薄壁不锈钢水管具有重量轻、不变形、耐流速腐蚀，流速在2m/s时，不锈钢管抗腐蚀性能是铜管的4倍以上。管材线膨胀系数：（0.0163～0.0168）mm/(m℃)	耐腐蚀性强。不锈钢材料中含有铬、镍等元素，当铬、镍浸在氧气中时，会在材料表面形成一层很薄的铬、镍氧化物保护层，隔绝了材料与空气、水的接触。氧化物保护层在受到损害时能自我修复
紫铜	经久耐用。可在不同的环境中长期使用，使用寿命约为镀锌钢管的3倍～4倍。机械性能好，耐压强度高，同时韧性好，延展性也高，具有优良的减振、抗冲击性能。铜材料比较软，在流速慢的地方会发生点腐蚀，在流速快的会发生溃腐蚀。管材线膨胀系数：0.0176mm/(m℃)	自主灭菌，铜离子可以消灭军团菌，抑制大肠杆菌。水中氯气会对铜管产生腐蚀。软水会对铜管产生腐蚀。腐蚀后的铜管会发生蓝水现象，蓝水和微生物结合，产生新的问题
氯化聚氯乙烯（PVC-C）	良好的阻燃性，保温性能佳，热膨胀小。抗震性好。具有优异的耐老化性和抗紫外线性能。自熄，耐火性好。耐热温度为：75℃。管材线膨胀系数0.06mm/(m℃)	耐腐蚀性能强，与PE-X管道相比不易滋生细菌，军团菌的测试量也较PE-X管低。管道不易滋生细菌

管材	物理性能	化学生物性能
聚丁烯 (PB)	PB管性能与PP-R管相似，其导热与热膨胀性能更优，相同的耐温耐压条件下，寿命比PP-R管长。PB管有抗蠕变性能（冷变形）的突出特点，能够反复缠绕而不断折。耐热温度为：75℃。易燃。管材线膨胀系0.13mm/(m℃)	—
无规共聚聚丙烯 (PP-R)	管材无毒、卫生。耐热、保温性能好。安装方便且是永久性的连接。原料可回收，不会造成环境污染。易燃。耐热温度为：70℃。管材线膨胀系数：(0.14～0.16)mm/(m℃)	—

在一个包含铜管、不锈钢管和交联聚乙烯管（PEX管）的热水模型系统中，国外学者对嗜肺军团菌在25℃～35℃的自来水循环中进行实验。模型内循环热水，温度为37℃，并且具有较低的AOC浓度（＜10μg/L）。每周对热水器中的水进行两次加热，加热温度为70℃，持续时间为30min。经过两年时间的持续运行后，水中三磷酸腺苷（ATP）的浓度在不同材料间有明显差异：铜管为2.1ng/L，不锈钢管为2.5ng/L，PEX管为4.5ng/L。实验结果表明三种管材的抑菌性能：铜管＞不锈钢＞PEX。所以未推荐交联聚乙烯管。

【解析】（1）塑料水管在长期使用过程中，水管内壁会凝聚一层黏稠的杂质。在几个小时停止使用水以后，这种内壁的杂质会使水管中的水变质、发臭、滋生细菌。相较不锈钢管及铜管，PEX管也更易滋生军团菌，而与PEX管比较，PVC-C管不易滋生细菌。

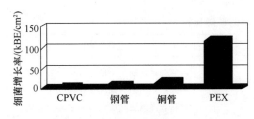

图 2.2-5　各管材细菌增长率对比

（2）在国外所设实验模型中，回水的管道采用PVC-C管，在第700天的测试中，PVC-C管材上并没有发现军团菌，其实验水样中军团菌数量为PEX管的1/13、PP-R管的1/17，图2.2-5为细菌在各水管中120d的生长情况。

（3）在非合金钢管道中，在pH值6～8，水温1℃～20℃的冷水条件下，溶解氧是电化学腐蚀的主要元凶，过高的溶解氧会促进细菌的滋生，尤其在塑料类有机材料管道中。

3. 管道连接应符合下列规定：

1）薄壁不锈钢管可采用卡压式、环压式及承插氩弧焊连接；

2）铜管的连接可采用钎焊、法兰、沟槽、卡套、卡压连接等方式；

3）氯化聚氯乙烯（PVC-C）塑料热水管可采用胶粘承插接口；

4）不同材质的金属管道连接时应采取防止电化学腐蚀的措施；

5）密封圈的材质可采用氯化丁基橡胶、三元乙丙橡胶，其所用的原材料中不含对输送介质、密封圈的使用寿命和管材与管件有危害作用的物质。

【条文释义】PP-R管采用热熔连接，PB管可采用热熔式或电熔式承插式接头连接，也可采用胶圈密封连接。

4. 热水供应系统采用不锈钢管道时应根据热水原水中氯化物含量选用相应型号的管材，并符合下列要求：

1）热水原水中氯化物含量小于50mg/L时，可采用S30408（06Cr19Ni10）、S30403（022Cr19Ni10）、S31608（06Cr17Ni12Mo2）、S31603（022Cr17Ni12Mo2）不锈钢；

2）热水原水中氯化物含量大于50mg/L、小于250mg/L时，应采用S31608、S31603不锈钢管道；

3）热水原水中氯化物含量大于250mg/L时，不宜使用不锈钢管道。

【条文释义】氯离子或微生物等吸附在金属表面某些点上，使不锈钢表面钝化膜发生破坏，造成不锈钢电腐蚀，本条参照现行国家标准《薄壁不锈钢管道技术规范》GB/T 29038对薄壁不锈钢管材、管件输送水中允许氯化物含量的规定。

【解析】介质中的氯离子或微生物等吸附在金属表面某些点上，使不锈钢表面钝化膜发生破坏，使得钝化膜破坏处的基体金属显露出来使其呈活化状态，而钝化膜处于钝态，这样就形成了活性—钝性腐蚀电池，从而导致了不锈钢的点蚀。

氯离子对生活热水和自来水中的薄壁不锈钢产生腐蚀时，浊度和总铁均对腐蚀速度的变化具有较大的权重；316型薄壁不锈钢管点蚀速度比316L型快，在管壁微生物总数达到27万时，浸蚀200d均进入点蚀发展期；304型薄壁不锈钢管点蚀速度比304L型快，在管壁微生物总数达到27万时，浸蚀150d后304L不锈钢进入点蚀发展期，浸蚀50d后304型不锈钢进入点蚀发展期；微生物对自来水中的薄壁不锈钢产生点腐蚀时，细菌总数和TOC水质指标与腐蚀速度具有显著的相关性。所以要控制水中氯离子含量。

5. 热水供应系统采用铜管时，氯化物含量不宜高于30mg/L，pH值应介于6.5～8.5，溶解性总固体不宜小于300mg/L。

【条文释义】氯化物浓度超过30mg/L会造成铜管腐蚀，浓度越高腐蚀坑越深。pH值过低或过高均易造成铜管腐蚀。溶解性总固体小于300mg/L易造成铜管腐蚀。

2.2.7　灭菌

本章共分3节，第1节日常灭菌条文共计5条，第2节应急灭菌条文共计4条，第3节灭菌设备安装条文共计6条。

1. 日常灭菌

1）热水系统可采用紫外光催化二氧化钛、银离子、高温或二氧化氯等灭菌措施。

【条文释义】常用的灭菌技术有：紫外光催化二氧化钛、银离子、高温、二氧化氯、紫外线、臭氧、氯、铜银离子、过氧化氢和银离子，编制组在综合考察国内外目前比较成熟的各种灭菌技术后，推荐4种灭菌方法。

2）紫外光催化二氧化钛灭菌措施应符合下列规定：

① 灭菌装置应能产生羟基自由基；

② 灭菌装置应设置在水加热设备出水管或循环回水干管上；

③ 应根据灭菌装置安装位置选择相应设计流量的设施。

【条文释义】紫外光催化二氧化钛：该装置是将TiO_2光催化剂附载在金属Ti表面组成光催化膜（TiO_2/Ti）固定在紫外光源周围。光催化膜（TiO_2/Ti）在紫外灯的照射下，产生羟基自由基（·OH），产生的羟基自由基碰撞微生物表面，夺取微生物表面的一个氢原子，被夺取氢原子的微生物结构被破坏后分解死亡，羟基自由基在夺取氢原子之后变成水分子。羟基自由基其氧化能力（2.80v）仅次于氟（2.87v），它作为反应的中间产物，可诱发后面的链反应，羟基自由基与不同有机物质的反应速率常数相差很小，当水中存在多种污染物时，不会出现一种物质得到降解而另一种物质基本不变的情况，水中的污染物降解为二氧化碳、水和无害物，不会产生二次污染。羟基自由基存在时间为毫秒级，不会对人体造成伤害。

为保证冷热水系统压力平衡，设备阻力不大于1m。紫外光催化二氧化钛灭菌

图 2.2-6　紫外光催化二氧化钛灭菌装置

装置如图 2.2-6 所示。

紫外光催化二氧化钛灭菌装置在系统中的安装如图 2.2-7、图 2.2-8 所示。灭菌装置设置在水加热设备出水管上时根据设计流量选用设备，设置在循环回水干管上时根据循环流量选用设备。

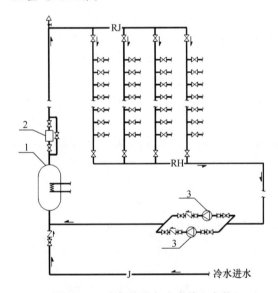

图 2.2-7　水加热设备出水管上安装
1—水加热设备；2—灭菌消毒装置（紫外光催化二氧化钛灭菌装置）；3—系统循环泵

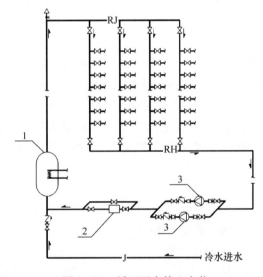

图 2.2-8　循环回水管上安装
1—水加热设备；2—灭菌消毒装置（紫外光催化二氧化钛灭菌装置）；3—系统循环泵

3）银离子灭菌措施应符合下列规定：

① 灭菌装置应安装在热水系统循环回水干管上，位于水加热设备和循环泵之间；

② 应根据现场实测水质确定银离子投加量，无实测资料时，投加量可按不大于0.08mg/L计，出水点浓度不应高于0.05mg/L；

③ 宜采用银离子发生器向系统定量投加银离子；

④ 现场应设置快速检测仪或在线检测设备。

【条文释义】研究表明银离子消毒机制主要表现在三个方面：对微生物体内酶和氨基

酸的作用、破坏微生物的屏障结构和破坏微生物的 DNA 分子合成。首先银离子会吸附在细胞壁的表面，细胞的部分生理功能被银离子破坏，待聚集的银离子达到一定量后，即穿透细胞壁进入细胞内部，并在胞浆膜上滞留，此时银离子起到抑制膜内酶活性的作用，致使细菌等微生物的死亡。其次微生物与银离子接触反应，会使微生物结构遭到破坏或产生功能障碍。当微量银离子到达微生物细胞膜时，因后者带负电荷，银离子带正电荷，依靠库仑引力作用使两者牢固吸附。银离子穿透细胞壁进入细胞内，使胞内蛋白质凝固，从而破坏细胞体内可分解葡萄糖、蔗糖、尿素等酶的活性，主要破坏其羧基（-COOH）与硫氢基（-SH）而使细菌死亡。另外银离子对微生物体内含硫氢基酶的亲和力较强，可与之形成不可逆的硫银化合物，干扰了微生物的呼吸作用，导致微生物死亡。研究还发现，原生质细胞（无壁细胞）与完整的细胞一样能很快地与银离子相结合，银离子穿入原生质细胞内与原生质作用，使原生质收缩凝集脱出，从而使得原生质细胞比有壁的细胞更快死亡。当菌体失去活性后，部分银离子会从菌体中游离出来，再与其他细菌接触，灭活其他细菌，重复进行灭活过程，因此具有持续灭菌作用。

英国卫生署文件《Water systems Health Technical Memorandum 04-01：The control of Legionella, hygiene, "safe" hot water, cold water and drinking water systems》中指出，银子浓度在 0.04mg/L 可以有效控制军团菌，水质较软的情况下 0.02mg/L 的银离子即可有效控制军团菌；英国健康与安全署文件《Legionnaires' disease：Technical guidance（HSG274）》中灭菌用银子浓度为 0.02mg/L ～0.08mg/L，最不利出水点银离子浓度 0.02mg/L。

银离子发生器主要由微型电子控制器及纯银电极板构成。设备运行时，微型电子控制器输出低压直流电流，银金属板分别为一个阴极一个阳极，在低压直流电作用下金属银在阳极会产生银离子；当水通过时，银离子扩散到水中。

据法拉第第二定律，电解过程中，通过的电量相同，所析出或溶解的不同物质的量相同。电解定律表明，任一电极反应中发生变化的物质数量与电流强度和通过电流的时间成正比，即与通过的电量成正比。电极上析出每一克当量所消耗的电量都相等。1mAh 可溶解 0.004g 银离子。

银离子浓度按下式计算：

$$C_{Ag^+} = \frac{0.004 \times I \times T}{V} \tag{2.2-1}$$

式中　C_{Ag^+}——银离子浓度（mg）；

　　　I——电流（mA）；

　　　T——电流通过的时间（h）；

　　　V——水量（m³）。

电子控制器通过控制直流电流的大小从而控制产生银离子的数量，并设置时间控制极性转换，防止电极不平等消耗。当两电极已完全消耗尽时，更换一对新的电极便可继续使用。水流经过产生银离子的极板时，获得 0.05mg/L～1.0mg/L 的银离子。

根据《世界卫生组织饮用水质量指南》第四版（2011），银离子浓度低于 0.1mg/L 的饮水不会对人体造成不良影响。

银离子发生器在系统中的安装如图 2.2-9 所示。

银离子发生器如图 2.2-10 所示。

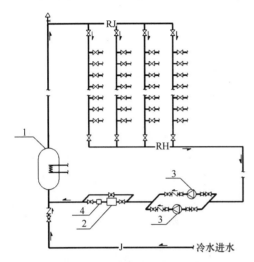

图 2.2-9 循环回水管上安装

1—水加热设备；2—灭菌消毒装置（银离子发生器）；

3—系统循环泵；4—银离子在线检测设备

图 2.2-10 银离子发生器

4）高温灭菌措施应符合下列规定：

① 热水系统应采取避免使用者烫伤的管理或技术措施；

② 热源的供应温度和负荷应能够维持系统高温灭菌所需温度和持续时间；

③ 最不利点水温不应低于 60℃，持续时间不应小于 1h，每周不应少于一次。

【条文释义】将水加热到 60℃ 以上，可将原生动物、病原体或者细菌（包括军团菌）等灭杀。缺点是效果不完全，残留少量微生物有可能复活。高温灭菌的应用受以下几个方面因素的制约：冲洗温度高，必须采取措施防止烫伤，对于不能中断供水的场所不适合采用；设置恒温混水阀的系统，阀后管道不能冲洗，也不适合采用；系统热源必须具有使系统升高温度的能力。

对于采用市政热源的热水系统，应核实热媒水的供水温度，目前国内部分城市的市政热源的供回水温度低，不能满足高温灭菌的要求。热泵热水系统和太阳能热水系统（直接利用）达到 60℃ 均存在困难，要达到合理的热水供水温度，会加剧管道、设备结垢和腐蚀，能耗大大增加。

5）二氧化氯灭菌措施应符合下列规定：

① 二氧化氯投加位置应为热水系统冷水补水管上；

② 宜根据现场实测水质确定二氧化氯投加量；无法确定时可按投加量 0.3mg/L～0.5mg/L 计，最不利出水点二氧化氯浓度不应低于 0.1mg/L，用水点二氧化氯浓度不得超过 0.5mg/L；

③ 投加装置应根据流量自动调节投加量，能够有效避免过量投加；

④ 二氧化氯宜采用电解氯化钠发生器现场制取。

【条文释义】2005 年我国卫生部批准二氧化氯用于饮用水消毒，近年来二氧化氯作为消毒剂已在我国的供水行业中逐渐得到广泛应用，二氧化氯在国外应用也比较广泛。

二氧化氯制取方法分为化学法和物理法，《二氧化氯消毒剂发生器 安全与卫生标准》GB 28931—2012规定了化学法二氧化氯消毒剂发生器的技术要求、应用范围等内容。《化学法复合二氧化氯发生器》GB/T 20621—2006对以氯酸钠和盐酸为主要原料经化学反应生成二氧化氯和氯气等混合溶液的发生装置进行了规定。化学法二氧化氯发生器产物中二氧化氯纯度大于等于95%的称为纯二氧化氯消毒剂发生器。目前国产的二氧化氯发生器的纯度最高能达到99.9%。

化学法制取二氧化氯在我国的推广目前受到一定的限制，主要是因为其原材料为危险化学品，不易采购运输。电解法分为电解氯酸钠法和电解食盐水法。电解氯酸钠法因原材料不易采购，与化学法相比二氧化氯纯度低，没有优势，因此应用较少。应用较广泛的是电解食盐水法。电解食盐水法是通过电解氯化钠溶液产生二氧化氯协同消毒剂。电解是在阳极室和阴极室进行的。在电流作用下，阳极室和阴极室进行着较为复杂的电化学反应，在阳极室生成ClO_2、O_3、Cl_2、H_2O_2四种气体，在阴极室生成H_2、$NaOH$。电解法理论基础决定了生成的二氧化氯浓度不可能很高，目前国产发生器的二氧化氯纯度可以达到10%～15%，有效氯产量单台已经达到200kg/h。

图2.2-11 电解氯化钠发生器

美国退伍军人健康管理局《医疗保健行业给水系统军团菌疾病和烫伤防治》中给出的建议值是0.3mg/L。英国卫生署《军团菌疾病 第二部分：冷热水系统军团菌控制》中认为用水点二氧化氯含量0.1mg/L～0.5mg/L可以有效抑制军团菌，对于用水停留时间较短的系统，投加量按0.5mg/L即可满足要求；二氧化氯浓度超过0.5mg/L时不适合饮用。副产物亚氯酸盐最大浓度为1.0mg/L。

电解氯化钠发生器如图2.2-11所示。

2. 应急灭菌

1）当热水系统发生军团菌等致病菌污染事故时，应进行应急灭菌处理，并宜采用投加氯、二氧化氯或热冲击灭菌等措施。

【条文释义】对于发生军团菌污染的热水系统，应进行彻底的灭菌处理，编制组在综合考虑各种技术的可靠性、经济性等因素后，推荐了三种灭菌措施。

系统设计时应根据应急处理措施种类预留相关条件，如在水加热设备热水原水管上预留灭菌设备接口、机房预留设备安装位置等。

2）氯用于应急灭菌处理，投加量宜为20mg/L～50mg/L，最不利出水点游离余氯浓度不应低于2mg/L，运行时间不应小于2h；灭菌后使用前必须冲洗，符合国家现行标准《生活热水水质标准》CJ/T 521方可使用。

【条文释义】美国环境保护署（EPA）文件《Draft-Technologies for Legionella Control: Scientific Literature Review》中用于氯冲击灭菌的游离氯浓度为20mg/L～50mg/L；《给水排水管道工程施工及验收规范》GB 50268—2008中管道冲洗要求有效氯含量不低于20mg/L。冲击灭菌时水的余氯量较高，不适合直接使用，另外被灭活的病菌以及生物膜需要通过冲洗从系统中排出，因此灭菌后必须冲洗。

3）二氧化氯用于应急处理，投加量宜为 8mg/L～19mg/L，最不利出水点游离余氯浓度不应低于 0.8mg/L，运行时间不应小于 2h；灭菌后使用前必须冲洗，符合国家现行标准《生活热水水质标准》CJ/T 521 方可使用。

【条文释义】应急处理所需二氧化氯浓度较高，宜采用二氧化氯杀菌液或采购二氧化氯粉剂配置高浓度杀菌液。本条二氧化氯浓度指标根据第 7.2.2 条计算得出。消毒过程中二氧化氯与氯都被还原为 -1 价，一个二氧化氯分子转移 5 个电子，一个氯分子转移 2 个电子，二氧化氯相对分子质量 67.5，氯相对分子质量 71，所以二氧化氯的消毒效率是氯的 (71/2)/(67.5/5)＝2.63 倍。实践表明，二氧化氯对去除管网中的生物膜要优于其他各种灭菌方法，对于污染比较严重有生物膜形成的系统应首选本方法。

4）热冲击灭菌处理时，最不利点水温不应低于 60℃，系统持续运行时间不应小于 1h，各用水点冲洗时间不应小于 5min。

【条文释义】美国《建筑水系统军团菌风险控制》提出军团菌事故发生后的应急处理办法：水温维持 71℃～77℃，用水点冲洗时间不小于 5min，管网全部冲洗。美国退伍军人健康管理局《医疗保健行业给水系统军团菌疾病和烫伤防治》规定：水温维持 71℃～77℃，一个用水点冲洗时间不小于 30min。英国卫生署《军团菌疾病 第二部分：冷热水系统军团菌控制》中规定：最不利点温度不低于 60℃，系统持续时间不小于 1h，用水点出水温度不低于 60℃ 的情况下冲洗时间不小于 5min。

综合以上资料，规定水温不低于 60℃，系统运行时间不小于 1h，用水点冲洗时间不小于 5min。温度越高灭菌效果越好，在条件允许的情况下可以适当提高冲洗温度，采用高温、低流量冲洗，既保证冲洗效果，又节约用水。用水点冲洗的过程中应做好人员防护，淋浴喷头等应采取措施避免水雾形成（如喷头拆卸后单独清洗）。

【应用实例】

1）紫外光催化二氧化钛灭菌设备的应用

某高级酒店共有客房标准间 200 间（床位 400 个），热水用水定额 160L/(床·d)（水温 60℃），冷水温度 4℃，设计小时耗热量为 2170779kJ/h（计算见表 2.2-5）。

表 2.2-5　生活热水耗热量计算

用水项目	使用数量（床·d）	用水量标准（L）	使用时间（h）	小时变化系数	用水量（m³）			耗热量	
					最高日	最大时	平均时	kW	kJ/h
客房	400	160.0	24.0	3.2	64.00	8.42	2.67	548	1973435
不可预见	10%	—	—	—	6.40	0.84	0.27	55	197344
合计	—	—	—	—	70.40	9.26	2.93	603	2170779

配水管道热损失取设计小时耗热量的 5%，配水管道的热水温差为 5℃，热水密度 0.983kg/L，热水循环流量为：

$$q_X = \frac{5\% \times 2170779}{4.187 \times 0.983 \times 5} = 5274L/h = 5.3m^3/h$$

紫外光催化二氧化钛灭菌设备设置在循环管道上，查厂家样本处理水量，6m³/h 的设备可满足要求，功率 86W，设备接管直径 DN25。

如果设在供水干管上，计算如下：

每间客房浴盆1个，洗脸盆1只，浴盆热水当量1.0，洗脸盆热水当量0.5，总计当量数300，设计秒流量为：

$$q_g = 0.2 \times 2.5 \times \sqrt{300} = 8.66 \text{L/s} = 31.2 \text{m}^3/\text{h}$$

查厂家样本处理水量，$26\text{m}^3/\text{h} \sim 50\text{m}^3/\text{h}$ 的设备可满足要求，功率360W，设备接管直径 $DN100$。

2）银离子灭菌设备的应用

工程基础资料同例（1），热水系统循环流量5274L/h，最大投加量0.08mg/L，银离子投加设备的产量为 $5274 \times 0.08 = 422\text{mg/h}$，查厂家样本选择符合银离子产量的设备即可。

3）高温灭菌措施的应用

工程基础资料同例（1），热水系统热媒采用市政热力，供回水温度为85℃、70℃，采用半容积式换热器，热水系统供回水温度为60℃、55℃。换热器参数见表2.2-6。

表2.2-6 换热器选型计算参数

设计小时热水量 (m³/h)	设计小时耗热量 (kW)	热水温度 (℃)	冷水温度 (℃)	储热量 (m³)	热损失系数	水垢等影响系数	传热系数 (W/m²·℃)	热媒供水温度 (℃)	热媒回水温度 (℃)	计算温度差 (℃)	水加热器换热面积 (m²)
9.26	603	60	4	3.09	1.15	0.70	1000	85	70	45.50	21.77

选用两台半容积式换热器，每台容积为 1.5m^3，每台换热面积为 11m^2。

在夜间用水量较少的时间段内调节换热器温控阀设置参数，水加热器出水温度70℃，回水温度65℃，此时系统耗热量仅为循环管路的热损失，校核换热的换热能力。

计算温差为：$(85 + 70)/2 - (70 + 4)/2 = 40.5℃$

换热器的供热量为：$Q_g = \dfrac{F_{jr}\varepsilon K \Delta t_j}{C_r} = \dfrac{11 \times 2 \times 0.7 \times 1000 \times 40.5}{1.15} = 542347\text{W}$

管路热损失按设计小时耗热量的5%，即 $603 \times 5\% = 30.15\text{kW}$。

换热器的换热能力远远大于系统升温所需的供热量，满足系统升温要求。

采用高温灭菌，需要考虑防烫伤措施。浴缸采用具有高温关闭功能的阀门，出水最高温度40℃，在房间内洗手盆位置设置提示标牌（如"夜间3：00～4：00热水水温较高，请注意调节水温"）。

4）二氧化氯灭菌措施的应用

工程基础资料同例（1）。设计秒流量为8.66L/s，二氧化氯投加量按0.5mg/L，二氧化氯发生器产量为 $8.66 \times 0.5 = 4.33\text{mg/s}$，查厂家样本选择符合要求的设备即可。

3. 灭菌设备安装

1）灭菌设备宜安装在高度不小于1.8m的房间，设备距墙的检修空间不应小于0.7m；房间内应保持良好通风，无自然通风条件时，应设置机械通风系统，通风次数应符合国家现行有关标准规定；室内温度范围宜为5℃～45℃；房间内地面应设置排水沟或者地漏等排水设施。

【条文释义】本条对灭菌设备的安装空间、通风条件及排水条件作出规定。

在施工图设计阶段，如设置灭菌设备，需考虑设备安装的机房大小及摆放位置；暖通空调专业需要考虑机房内设计自然通风或者机械通风，保持机房内空气流通；给水排水专业需要考虑设计必要的排水设施，保证机房内废水及时排走。

2）灭菌设备用电主机及电源柜均应设置可靠接地设施，接地要求及接地电阻应符合国家现行有关标准规定。

【条文释义】本条阐明了灭菌设备对配电电源的基本要求。

在施工图设计阶段，电气专业应按灭菌设备的电压、功率选择电源插座、导线连接，电主机及电源柜均应设置可靠接地设施。

3）灭菌设备基础高出地面的高度应便于设备安装，不应小于0.1m。

【条文释义】本条对灭菌设备的基础高度做了相关规定。

施工图设计阶段应根据产品设计参数选择合适的灭菌设备，根据灭菌设备的规格尺寸，设计合适的基础大小及高度。一般基础高度要便于设备安装，且不应小于0.1m。

4）紫外光催化二氧化钛灭菌设备安装应符合下列规定：

① 设备应设置泄水管及阀门；

② 设备前端及后端均应安装截止阀；

③ 设备应设置用于检修的旁通管道及截止阀；

④ 设备如必须安装在高处时，设备距顶板的检修空间不应小于0.7m。

【条文释义】本条阐明了紫外光催化二氧化钛灭菌设备安装的基本要求。

为保证设备检修方便且安全运行，二氧化钛灭菌设备设备应设置泄水管及阀门，设备前端及后端均应安装截止阀，设备应设置用于检修的旁通管道及截止阀，设备如必须安装在高处时，设备距顶板的检修空间不应小于0.7m。

除以上基本要求外，还应注意以下事项：二氧化钛灭菌设备里面的灯管和套管是易碎品，在安装过程中要轻拿轻放，避免外力的撞击；二氧化钛灭菌设备应安装在合适的地方，避免安装在潮湿，易出水的地方，以免影响设备的使用寿命；二氧化钛灭菌设备安装时沿灯管抽出方向需留有不小于1000mm的检修空间，以方便设备的维修和保养；为了防止水中杂质进入设备内损坏设备或影响设备性能，应在进口处安装过滤精度≤50μm的过滤器。

5）银离子灭菌设备安装应符合下列规定：

① 设备应水平安装，设备前端及后端均安装带有调节功能的截止阀；

② 设备应设置用于检修的旁通管道及带有调节功能的截止阀；

③ 设备如必须安装在高处时，设备距顶板的检修空间不应小于0.7m。

【条文释义】本条阐明了银离子灭菌设备安装的基本要求。

为保证设备检修方便且安全运行，银离子灭菌设备应水平安装，设备前端及后端均应安装带有调节功能的截止阀，设备应设置用于检修的旁通管道及带有调节功能的截止阀。

6）二氧化氯灭菌设备安装应符合下列规定：

① 设备盐箱进气口和阴极箱排氢口应分别设置与室外的连通管，排氢管应高于屋面3m，且周围无热源和火源；

② 设备安装位置应避免阳光直射，远离热源；

③ 设备附近应设置排风口，其下缘至建筑地面距离不应大于0.3m，换气次数不应小于12次/h。

【条文释义】本条阐明了氧化氯灭菌设备安装的基本要求。

因二氧化氯灭菌设备运行时会产生氢气，设备盐箱进气口和阴极箱排氢口应分别设置与室外的连通管，排氢管应高于屋面3m，且周围无热源和火源；为防止设备产生有害气体对室内造成环境污染，设备附近应设置排风口，其下缘至建筑地面距离不应大于0.3m。

二氧化氯灭菌设备除以上基本要求外，还应注意以下事项：室内应装有与投氯点相连通的管路，材质一般选择UPVC；应设置压力及水量满足准备要求的给水水源，保证发生器动力用水要求；机房无阳光直射，通风良好，无易燃、易爆尘埃，无腐蚀金属及破坏绝缘的气体；电源柜距离墙壁不小于0.5m，配电盘与电解电源距离不宜太远；动力水源及消毒剂投加管道应选择给水用UPVC管。

2.2.8　缓蚀阻垢

1. 难溶性复合聚磷酸盐法

复合聚磷酸盐是由聚磷酸盐和硅酸盐经物理的高温熔炼工艺而制成的，类似晶体玻璃球（或液体，或分别以磷酸盐或硅酸盐组成的水质稳定剂），其缓蚀阻垢的机理如下：

1）复合聚磷酸盐的分散功能

聚磷酸盐的分散功能主要体现在三个方面：聚磷酸盐可与水中的钙、镁、铁、锰等离子形成单环或双环螯合物，这些螯合物借布朗运动和水流，把管壁上生成的固体（垢）重新分散到水中，这就是聚磷酸盐能够逐步消减积垢清洁管道的原因；聚磷酸盐可在水中生成长链的—O—P—O—P阴离子，吸附在磷酸钙微晶上，并易于和CO_3^{2-}离子相置换，从而防止碳酸钙的析出，换言之，它对于已经生成的碳酸钙晶粒起到分散作用；对于水中已经出现的铁锈（"红水"现象），聚磷酸盐具有破坏氧化铁晶核形成的分散功能，这时氧化铁与聚磷酸盐结合晶体浮在水中，可以通过正常用水而排出系统，达到清洗脱色的功能。实验表明，1mg/L的聚磷酸盐可以使水的透明度达到标准。

2）复合聚磷酸盐的抑制作用

聚磷酸盐与水中的Fe^{2+}的螯合物生成，阻止了水中的Fe^{2+}氧化生成$Fe(OH)_3$，预防铁锈的生成，从而能够有效地消除"红水"现象。实验表明，1mg/L的聚磷酸盐可以有效控制1mg/L的$Fe(OH)_3$沉淀。

3）复合聚磷酸盐的缓蚀功能

水中的钙与聚磷酸盐生成的螯合物，会沉淀在金属材料的表面，形成隔断水中氧与金属反应的沉淀膜（阴极保护膜），增加了金属管材和设备的防腐能力。研究表明，聚磷酸盐的阴极保护作用，只有当水中钙离子浓度超过60mg/L又有溶解氧存在时才是有效的。如果介质是蒸馏水或软化水，便起不到缓蚀作用，这就是复合聚磷酸盐不适用于纯水的原因。在饮用水中存在的钙、氧，就结垢和腐蚀而言，本是有害物质，而在有聚磷酸盐的情况下，却又是必不可少的有利因素。大量实验还表明，聚磷酸盐既是阴极缓蚀剂，又是阳极缓蚀剂，通过扫描电子显微镜和X射线衍射分析，发现聚磷酸盐在碳钢表面上促进生成X-Fe_2O_3氧化膜，可以起到保护阳极的作用。

复合聚磷酸盐的另一成分是硅酸盐，它在水中呈带电荷的胶体颗粒，与管道上腐蚀下来的形成Fe^{2+}凝胶，覆盖在金属表面上，阻止进一步的腐蚀，所以也是一种沉淀膜型缓蚀剂，与聚磷酸盐起到协同作用。

4) 复合聚磷酸盐的阻垢功能

聚磷酸盐与水中重碳酸钙形成的螯合物，能在水温升高的状态下保持稳定，阻止了形成碳酸钙沉淀反应的进行，沉淀反应式如下：

$$Ca(HCO_3)_2 \Leftrightarrow CaCO_3 \downarrow + H_2O + CO_2 \uparrow$$

复合聚磷酸盐的阻垢效果见图 2.2-12。在实验中，复合聚磷酸盐的剂量相当于加入 2mg/L 的 P_2O_5，水温 80℃，钙硬度为 17.5 德国度（约 310mg/L $CaCO_3$），在 8h 停留时间内，未发现碳酸钙沉淀，水中的钙离子浓度基本不变。而在不加药剂的对照样品中，8h 后，57％的钙离子沉淀出来。

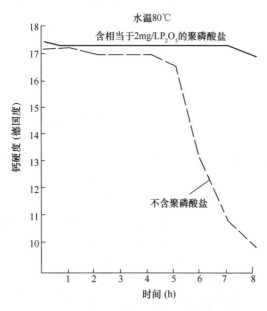

图 2.2-12 复合聚磷酸盐的阻垢效果

复合聚磷酸盐也有其弱点，在高温下（80℃以上）及碱性或酸性环境下，容易水解成正磷酸盐。正磷酸盐在钙离子含量高的情况下，生成磷酸钙垢，比碳酸钙更难去除。

1）复合聚磷酸盐加药器应安装在热水系统冷水补水管上，并宜设置旁通管。加药量根据平均日用水量确定，加药器应定期补充药剂。

【条文释义】本条阐述了复合聚磷酸盐的加药方式。

复合聚磷酸盐一般采用加药器投加，方便可靠，管理简单。投加方法：将烧结成球状体的聚磷酸盐难溶性小球装于加药器内，热水原水流经加药器，达到"流水加药、停水停药、加药定量、加药均匀"，即可实现投加目的。加药器在设计时已考虑到用水不均匀的特点，可根据热水系统的平均日用水量来选择加药器的规格，其规格尺寸见图 2.2-13，可按表 2.2-7 选取。

表 2.2-7 复合聚磷酸盐加药器选用表

序号	日用水量（m³）	加药器容积（L）	加药量（kg）	A	B	C	D	E	F	G	进口口径
1	37~60	20	25	250	430	600	80	175	145	400	50
2	61~84	30	37.5	300	440	600	90	175	150	460	80
3	85~108	40	50	300	590	750	90	220	180	460	80
4	109~168	50	75	350	530	750	90	250	200	500	100
5	170~216	80	100	400	640	850	100	270	215	560	100
6	220~288	100	125	450	630	850	110	260	210	600	150
7	290~440	150	175	500	770	1000	130	320	260	700	150
8	440~720	200	250	550	995	1250	130	420	330	700	150

注：外形尺寸（A~G）、进口口径单位均以 mm 计。

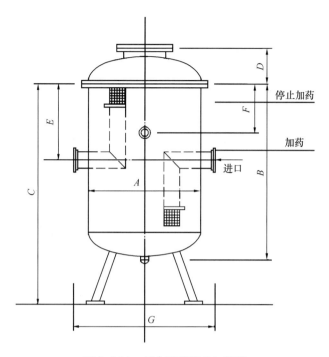

图 2.2-13　复合聚磷酸盐加药器

这种投加方式适用于热水原水是自来水的情况，可将加药器装在热水系统的冷水补水管上。由于复合聚磷酸盐是球形结构，加药器内球与球之间呈点接触，而且加药器横截面大于管径，阻力小，保证了水流畅通。设置旁通管后，当设备需要检修时，热水系统可以暂时保持正常运行，避免因设备检修带来的使用不便。加药器安装示意见图 2.2-14。

2）复合聚磷酸盐应选用食品级产品，且应有国家相关部门颁发的涉及饮用水卫生安全产品卫生许可批件。

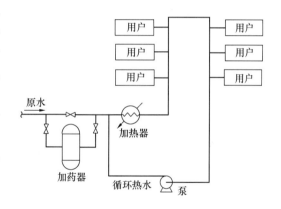

图 2.2-14　生活热水系统复合聚磷酸盐加药器安装示意

【条文释义】本条规定了复合聚磷酸盐的产品标准等级。

对饮用水而言，丝毫不许带入不利于健康的因素，对生活饮用水水质无污染，这对水质处理技术极为重要。对复合聚磷酸盐安全性的确认各国已经进行过多项试验，如急性毒性试验、亚急性毒性试验、长期慢性毒性试验（包括致癌）、畸形及变异性试验。各项试验结果表明磷酸盐、硅酸盐两者都未发现畸形、变异和致癌等病症。

德国标准 DINEN1208（1997）《生活饮用水水处理化工产品 多聚磷酸钙钠》以及欧洲标准委员会 CEN 制定的 EN1208 欧洲标准最终草案《生活饮用水水处理产品 多聚磷酸钙钠》中均表明投加多聚磷酸钙钠对饮用水水质并无副作用。在国内，食品级复合聚磷酸盐还需经国家有关卫生防疫部门的鉴定，并应取得相关卫生许可批件后方可使用。

3) 难溶性复合聚磷酸盐投加量应控制在 3mg/L 以下，宜为 1 mg/L～3mg/L（以 P_2O_5 计）。

【条文释义】本条规定了复合聚磷酸盐的投加量。

复合聚磷酸盐在使用过程中，必须严格控制注入浓度。在确保安全的前提下，不仅有防腐防垢的作用，还能杜绝"红水"现象。

复合聚磷酸盐在国外已有三十多年的应用经验，并取得世界卫生组织认可。日本规定初期注入不超过 15mg/L；德国标准 DINEN1208（1997）《生活饮用水水处理化工产品 多聚磷酸钙钠》规定"投配剂量应使处理水中的磷酸盐（P_2O_5）含量不超过 5mg/L"。法国、日本的定期注入也不超过 5mg/L。按体重 60kg 的人每天饮用 2L 水计算，当饮用初期注入浓度最大值 15mg/L 的水时，日摄取量为 0.5mg/kg，这与动物试验中得到的磷酸盐日最大无影响量 750mg/kg 和硅酸盐日最大无影响量 79.2mg/kg 相比，分别是 1/1500 和 1/158；当饮用定期注入浓度最大值 5mg/L 的水时，日摄取量为 0.17mg/kg，这与上述无影响量相比，分别为 1/4500 和 1/475。

通过以上分析，可以得出：在合理范围内正确使用复合聚磷酸盐，可确保水质安全性。

我国于 1992 年引进了食品级难溶性复合聚磷酸盐，通过在建筑物热水系统的广泛使用情况来看，投加量在 3mg/L 以下即可达到明显的缓蚀阻垢效果。

2. 软化设备

水软化的目的是去除水中的 Ca^{2+} 和 Mg^{2+}，即排出水中引起结垢现象的成分，同时用非结垢分子取而代之。最常用的方法是钠离子交换法，利用离子交换剂中的 Na^+ 置换水中 Ca^{2+} 和 Mg^{2+}，从而降低水中的总硬度。水经过钠离子交换后水的含盐量略有增加，而总碱度保持不变。

在软化设备中装有钠离子交换剂，硬水流过交换剂后，水中的 Ca^{2+}、Mg^{2+} 被 Na^+ 置换出来后就存留在交换剂中。当交换剂中的 Na^+ 全部被 Ca^{2+} 和 Mg^{2+} 置换后，交换剂失效，不再起软化作用。这时就要用盐水进行还原，即再用 Na^+ 把交换剂中的 Ca^{2+} 和 Mg^{2+} 置换出来。经还原后，离子交换剂恢复活性，重新起到软化水的作用。

1) 成套软化设备应选用能自动运行、自动再生且填充食品级树脂的处理设备。

【条文释义】本条规定了采用的软化设备类型。

目前，市场上的软化设备均为全自动型，比手动设备具有更多优点，广泛应用在建筑物水处理中，具有可保证饮用水质量、剩余硬度少、不产生结垢、设备性能稳定等优点。全自动软化器一般采用钠离子交换树脂法，区别主要在于树脂再生的工艺。树脂再生一般有顺流再生和逆流再生两种形式。钠离子交换软化和再生，实际上是一个可逆反应过程，要使再生过程能很好地完成，就必须增大钠离子的浓度。在实际运行中发现设计耗盐量要比理论耗盐量增大 2 倍～3 倍。按照理论耗盐量，每还原 1mmol/L 的硬度，需要 58.5mg 的 NaCl。而顺流再生每还原 1mmol/L 的硬度需消耗 160mg～180mg 的 NaCl；逆流再生需要 90mg～110mg 的 NaCl。由此可见，逆流再生可降低盐耗、水耗 30％ 左右，出水水质也优于顺流再生，而且在相同的条件下，逆流再生可获得较高的树脂工作交换容量，所以选型时宜优先选择具有逆流再生功能的软化设备。

软化设备的工作周期有时间型和流量型两种控制方法，时间型软化设备的价格一般要低于流量控制型软化设备的价格。时间型以时间为控制再生计量方式，预先设定启动再生时间，一般最短还原再生周期为24h，适合用水量稳定的系统供水，应特别注意罐体内树脂交换能力，必须大于一天处理水量；流量型可连续记录软化累积产量，在制备水量达到设定值时自动还原，用户可根据原水水质及流量以及树脂交换能力，来设定软化设备再生一次的处理水量，可适用于所有的热水系统。

软化设备软化过程终点的设定，决定了它的工艺技术水平。确定软化终点的方法有三种：

（1）按实际测试或计算的连续软化工作时间来设定。此法存在以下问题：运行间断不连续时，或停电后再运行，计量不准确；流量及水质变化后计量不准确。解决措施：可采用时间记忆功能或在下次再生末端设反应信号。

（2）按计算周期流量来设定。此法可以解决流量变化的影响，但水质变化显著时仍会影响设定的准确度。此法需设流量计和流量变换器。

（3）按出水硬度来设定终点。此法流量、水质、交换剂工作交换容量（树脂在给定条件下实际可利用的交换能力）变化都不受影响，但应采用钙或钙镁电极的终点检测仪，并将信号放大与计算机配合。

2）软化设备应根据处理水量和热水原水总硬度选用。

【条文释义】本条阐明了软化设备的选用原则。

目前市场上的全自动软化设备一般主要由树脂罐、控制阀（多路阀）、盐箱和盐阀以及连接管等组成，可结合处理水量、热水原水硬度、工作条件、经济分析等因素选用。安装时应遵循以下要求：

（1）进水压力应在0.2 MPa～0.6MPa，当水源压力无法满足要求时，可安装增压水泵提高进水压力。当压力过高时，应安装减压阀来控制进水压力。

（2）进水温度应在2℃～55℃。

（3）工作环境温度应在5℃～50℃，相对湿度≤95％（5℃时）。

（4）应安装在牢固的平台上，附近有畅通的排水设施，并留有足够的操作和维修空间。

（5）排水管的连接长度不应大于6m，尽量减少弯度，并严禁安装阀门。

（6）盐水管路连接长度不应大于2m，并保持良好的密封性。

3）经软化处理的热水原水，宜与未经软化的原水混合后使用，硬度应符合本规程第4.0.3条规定。

【条文释义】本条阐明了软化后的热水原水的使用原则。

热水原水经软化设备处理后，其出水的残余硬度低至1.5mg/L，不适合直接用于热水系统中，长期使用容易造成管道和设备的腐蚀，一般需将软化设备制出的软水与自来水混合成一定硬度的水（洗衣房用水50mg/L～100mg/L，其他用水75mg/L～120mg/L）供用户使用。混合方法主要有两种：水池混合法和调节器混合法。水池混合法一般在水池出水管上装取样口，通过定期分析池水的硬度，用分配水表控制软水和自来水的进水量，进而调节混合水的硬度；调节器混合法是利用一种带调节器的全自动软水器，在多路阀旁装有一个原水硬度刻度盘和混合水量调节螺丝（水量大时混合调节器另设），使用前将刻度盘指针调到热水原水的硬度值，依此来调节制水再生的周期，同时根据现场混合水的实测硬度来调节混合调节器的螺丝，使混合水的硬度达到要求的范围。两种方法的流程见图 2.2-15、图 2.2-16。

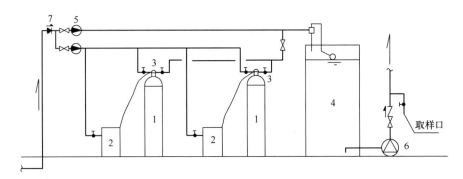

图 2.2-15　热水原水软化流程（水池混合法）

1—软化器；2—盐箱；3—控制阀（多路阀）；4—储水池；

5—水表；6—供水泵；7—倒流防止器

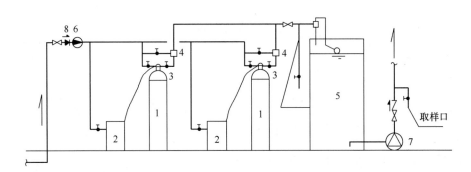

图 2.2-16　热水原水软化流程（调节器混合法）

1—软化器；2—盐箱；3—控制阀（多路阀）；4—调节混水器；

5—储水池；6—水表；7—供水泵；8—倒流防止器

影响全自动软化设备运行稳定的关键在于多路控制阀的结构。多路阀是在同一阀体内设计有多个通路的阀门，其系统的原理如图 2.2-17 所示，目前市场上，多路阀主要有四类：

（1）机械旋转式多路阀：即利用两块对接平板或内外套旋转不同角度来沟通不同通路，从而自动完成整个再生过程。

（2）柱塞式多路阀：该系统由多通路的外套管和一根柱塞构成。当电机带动柱塞移动到不同位置时，就沟通或切断不同的通路，从而完成整个再生过程。

（3）板式多路阀：它的主要结构是一个外包橡胶的平板，以弹簧和水力的作用，类似阀门开闭不同的通路。

（4）水力驱动多路阀：其原理是利用原水压力驱动水力涡轮带动一组齿轮，在计量流量的同时，分别驱动不同的阀门开启，沟通不同的通路，自动完成离子交换的整个循环过程。

从工作稳定可靠程度，多路阀的选择顺序宜为：水力驱动多路阀、板式多路阀、柱塞

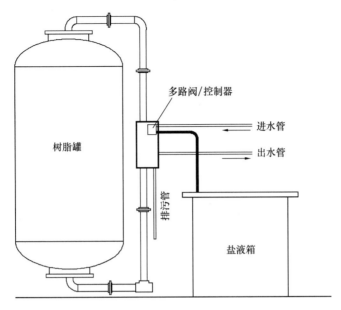

图 2.2-17　多路阀系统原理图

式多路阀、旋转式多路阀。多路阀的控制一般采用集成电路芯片和无触点控制技术设计的微电子控制器。控制器根据预先设定的程序，向多路阀发出指令，自动操作各个通路的开断，自动完成运行过滤、再生、正洗、反洗等各个工艺过程。

　　4）设备运行时应定期清洗盐箱，每三个月清洗不应少于一次。

　　【条文释义】本条规定了盐箱的清理周期。

　　全自动软化器需要人工将食盐倒入盐箱（或盐罐），加入食盐量的多少、倒盐的时间以及食盐是否溶解彻底等，都会影响软化器的再生效果。某些用户采用的工业盐中一般会含有泥沙等杂质，久而久之，容易形成沉淀物，附着在盐箱的底部，从而造成盐箱管道堵塞。如果沉积物被吸入交换柱树脂内，会影响树脂的工作效率以及降低其交换能力。因此，当盐箱中少于1/3时，需要人工定期加盐（一般添加到2/3左右）。盐箱还应定期清洗，清洗步骤如下：

　　（1）应当从用盐箱窥视孔见不到固盐开始算起，2h~3h之后进行。

　　（2）将盐箱底部排污阀打开放水，取出箱内的过滤网，再用自来水塑胶管插入进盐孔进行冲洗。

　　（3）将过滤网放平，关闭盐箱底部的排污阀。

　　5）设备应符合相关产品标准，并通过国家有关检测机构认证。

　　【条文释义】本条规定了软化设备的产品标准。

　　软化设备的罐体材质主要有玻璃钢、碳钢防腐和不锈钢三种材料。玻璃钢材质防腐性好、重量轻、安装方便、价格便宜，是软化水罐的理想材料。碳钢防腐也是可选材质之一，但必须做好内衬防腐处理。不锈钢材质价格昂贵，且在加工时容易因局部应力不均而导致腐蚀，如焊接、弯边、丝扣等附近，并不是理想的选材。

　　3. 静电除垢仪

　　国内外开发的静电处理设备分为两类：一类是静电除垢仪，利用高压静电场进行水处理；另一类是电子水处理器。国外静电除垢仪是在 20 世纪 60 年代末研制出来，70 年代开始使用。国内则是在 1980 年前后试制成静电除垢仪，1982 年开始使用，80 年代后期又研制出第二代改进型的静电除垢仪，目前在某些性能上达到了国际先进水平。

静电除垢属于物理方法，通过高压静电场的作用，改变水分子结构或改变水中的电子构造，使水中所含阳离子不致趋向器壁聚集，从而达到防垢、除垢目的。对于器壁上已有的老垢，静电除垢仪还可以释放少量氧，破坏垢分子间的电子结合力，改变其晶体结构，使坚硬垢变为疏松软垢，同时增大水分子的偶极矩，使它与盐的正负离子的水合能力增大，提高水垢的溶解速率，这样老垢就逐渐剥蚀，乃至成碎屑、碎片脱落，达到除垢目的。同时，还具有良好的缓蚀功效，其缓蚀能力比采用难溶性聚磷酸盐法等加药法化学缓蚀略低。

静电除垢仪工作电压或工作电压范围，每一种规格都应确定一个最佳的电学参数，即最佳防垢除垢效果所相应的电学参数。影响效果的主要因素是水质、水温和流量等，所以，小型静电除垢仪如最佳电压为 2.5kV～3.5kV，大型则为 18kV～20kV，而在最佳工作电压范围之外，无论工作电压低或高，系统都将结垢。

1）静电除垢仪应与管路串联安装，并宜垂直安装，进水口在下，出水口在上，应设旁通管路和切换阀门，应留有巡视和检修空间。

【条文释义】本条规定了静电除垢仪的安装方式。

静电除垢仪是一个圆柱形装置，由水处理器和电流两部分组成。水处理器壳体为阴极，由镀锌无缝钢管制成。壳体中心装有一个金属芯棒作为阳极，芯棒外裹有塑料或尼龙等高分子材料的绝缘层。阴、阳两极上通以直流高电压，被处理的水从芯棒与壳体之间的高压静电场通过。衡量静电除垢仪的质量包括两方面：一是阴阳极之间静电场的强度是否满足防垢除垢的要求；二是设备本身与外接管路的绝缘及壳体与大地的绝缘是否良好。

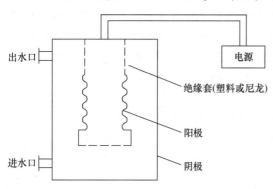

图 2.2-18 静电除垢仪安装示意

为了避免在壳体内产生泥沙或杂物的淤积，静电除垢仪不宜水平安装。只有当水中悬浮物较少，且保证壳体内为满流时，才允许水平安装。静电除垢仪安装示意见图 2.2-18。

2）静电除垢仪距离大容量电器（大于 20kW）应不小于 5m。

【条文释义】本条规定了静电除垢仪与大容量电器之间的距离要求。

大容量用电设备或仪器的电场和磁场会使静电除垢仪的效率降低甚至失去作用，两者之间需满足至少 5m～6m 的距离要求，当无法满足时，应在它们之间设置屏蔽罩和良好的接地装置。

3）静电除垢仪应定期保养清洗电极，一般一年清洗 1～2 次阳极。

【条文释义】本条规定了静电除垢仪电极的清洗周期。

4）安装静电除垢仪的热水系统应在系统最低点设置排污口。

【条文释义】本条规定了静电除垢仪的排污方式。

静电除垢属于物理除垢方法。物理除垢的原理是使成垢物质暂时失去附壁结垢的能力。热水原水经物理处理后再将其加热，水中的成垢成分形成的不是硬质晶体，而是强度很低的松散堆积物。这种雪花状的松散物质无法聚成大块，只能在管壁上形成一层薄薄的膜，由于结合力弱，它们不再增厚，当水流流过时，就会从管壁上脱落下来，随水流带走，从而起到防止结硬垢的作用，同时也有良好的缓蚀功能。由于成垢物质的不断堆积和脱落，故采用物理除垢的热水系统要重视排污，否则会影响防垢除垢的效果。

新安装的热水系统，每1~2周排污一次；刚装上静电除垢仪的旧的热水系统，在除垢期间至少每天1~2次排污，每次排污10min左右。除完垢后，才能适当减少排污次数与排污量。

4. 电子水处理器

电子水处理器是静电处理设备的一种，国外在20世纪70年代末研制成功，80年代末逐步推广。国内在80年代后期开发出电子水处理器，目前某些性能已达到国际先进水平。应指出的是，无论静电除垢仪还是电子水处理器，有些厂家都混称为"电子水处理器"，但两者工作原理不同。

电子水处理器也属于物理处理方法，但与静电除垢仪不同，电子水处理器采用低压直流电场，它的阳极是一条金属电极，与水直接接触，与静电除垢仪相比，效果好、耗电少、更安全。而且，电子水处理器可使水中重度较大的带电粒子或结晶颗粒沉淀下来，使水部分净化，这也意味着有部分去除水中有害离子的作用。电子水处理器更适合于处理中性水，即pH值＝7时，结垢量最少。

1）电子水处理器应与管路串联，并宜垂直安装，进水口在下，出水口在上，应设旁通管路和切换阀门，应留有巡视和检修空间。

【条文释义】本条规定了电子水处理器的安装方式。

电子水处理器的中心装有一个涂上保护膜的金属网状发射极（阳极），有的外面覆以由高分子材料、玻璃或陶瓷等组成的介质层，镀锌无缝钢管组成的壳体为接收极（阴极）。其除垢原理为：当水流经过电子水处理器时，在低电压、微电流作用下，水分子中的电子将被激励，从低能阶轨道跃迁向高能阶轨道，引起水分子的电位能损失，使其电位下降，从而使水分子与接触面的电位差减小，甚至有可能消除它们之间的电位差，引起一系列有利于防腐除垢的变化。

因电子处理器与外接管路为非绝缘连接，其壳体必须良好接地，其安装示意见图2.2-19。

2）电子水处理器距离大容量电器（大于20kW）应不小于5m。

【条文释义】同静电除垢仪。

3）电子水处理器应定期保养清洗电极，一般一年清洗2~4次阳极，阳极使用期限不得超过5年。

【条文释义】本条规定了电子水处理器电极的清洗周期。

电子水处理器应设专人巡视和检查，阳极

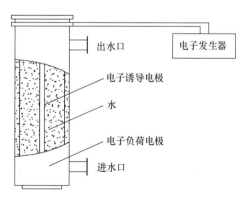

图2.2-19 电子水处理器安装示意

（发射极）直接与水接触，当水中固体颗粒或悬浮物含量较高时，阳极易受腐蚀或易粘附杂质而影响使用效果，所以电极应定期保养清洗，阳极使用 5 年后必须更换，或在其表面重新喷涂保护膜后才能使用。

4）安装电子处理器的热水系统应在系统最低点设置排污口。

【条文释义】同静电除垢仪。

5）不同水质的最佳缓蚀阻垢效果的高频频率范围应通过试验确定。

【条文释义】本条规定了电子水处理器高频发射器频率值的确定原则。

与静电除垢仪相同，电子水处理器根据热水总硬度、水温、流量确定任一规格的最佳电学参数，即任一规格的电子水处理器都有一个最佳工作功率范围。一般电子水处理器高频发生器的频率值是可调的，用户可根据不同地区的不同水质，请设备生产商选择频率值，使电子处理器的缓蚀阻垢效果处于最佳状态。在其他因素相同的条件下，随着热水中总硬度的升高，其最佳功率也相应增加。

5. 磁化水处理器

磁化水处理器利用磁场效应对水进行处理，是一种简易的缓垢处理方法，在实践中已多次得到证实。我国 20 世纪 70 年代开始了磁化器的研发，由于采用了恒磁铁氧体（钡铁氧体及锶铁氧体）磁场强度低，构造和磁路设计不完善，效果差，未得到广泛应用。随着第三代稀土永磁材料的研发成功，磁能积大大超过一般的铁氧体。同时，对磁场强度、磁化参数、处理水质、水力特点及磁化水机理等方面的认识更加深入，新型磁化器在磁体、磁路和结构上有了新的提高，新型产品已被广泛应用在热水水处理中。

磁化水处理器的应用着重考虑处理水质硬度。原水有负硬度（总碱度大于总硬度，其差值即为负硬度）时，使用磁化水处理器效果最为显著；对总硬度小于 5mg/L、永久硬度小于总硬度的 1/3 时，效果较好；水中以钙、镁离子为主的总硬度不大于 504mg/L，永久硬度小于 200mg/L，亦符合磁化水处理器的应用条件。

1）磁化水处理器可与管道串联连接，无安装角度要求，可不设旁通管路。

【条文释义】本条规定了磁化水处理器的安装要求。

磁化水处理器是在管外或管内装设永久磁铁，利用磁场效应对产生激励作用，引起水的内能变化，以此来改变水的活化性，从而达到硬水不结垢的目的。这种水处理器由高强稀土永磁体和壳体结构两部分组合而成，分为内磁式和外贴式两种。目前，还没有一个系统全面的关于磁化处理机理的理论，但通过大量研究和实际工程表明：水系统经磁化处理后发生变化，有一定的缓垢作用，其工况与水质、磁场强度、流过磁间隙的水流速度、水在磁场内的停留时间、水温等因素有关。

磁化水处理器安装方便，只要管内未被大的杂物堵塞，一般不需要巡视和检修，适用于维修力量薄弱的单位。另外，由于其产品已经考虑了磁屏蔽问题，故不受与其他用电设备或仪器的距离约束。

2）通过磁化水处理器的水流速度不得小于 1.5m/s。当水泵或水加热器超过一台时，应分别设置磁化水处理器，不得共用。

【条文释义】本条规定了磁化水处理器的水流速度要求。

磁化水处理器是基于通过的水流在垂直方向切割磁力线而产生的防除垢作用，要求通过的水流流速（水流经过磁场的速度，由水流在磁化器连接管内流速来控制）不得小于 1.5m/s，且流速越快越好，不宜多台水泵或水加热器共用一台磁化水处理器，以免在每台水泵或水加热器单独使用时，处理器内因流速达不到1.5m/s而影响处理效果。

磁化水处理器的处理效果与磁场强度和水流速度有关，试验数据表明，磁场强度并非愈高愈好。在选磁化水处理器时要在设备的流量范围内选，水加热器宜单独使用，使用时流速不宜多变。

3）安装磁化水处理器的热水系统应在系统最低点设置排污口。

【条文释义】同静电除垢仪。

2.2.9　施工安装及验收

本章条文共计7条，明确了集中生活热水供应系统在施工当中应该注意的事项及应该符合的标准；明确了集中生活热水供应系统在验收中的相关要求。

1. 集中生活热水供应系统施工安装前应具备下列条件：

1）施工图及其他设计文件应齐全，并已进行设计交底；

2）施工方案或施工组织设计已批准；

3）施工力量、施工场地及施工机具等能保证正常施工；

4）施工人员应经过相应的安装技术培训。

【条文释义】本条阐明了集中生活热水供应系统施工安装前应具备的条件，应在施工技术要求中说明。

施工过程是保证水质的一个关键环节，施工时是否按图施工、是否采用正确的材料、是否注意管内清洁等都可能对水质产生重要影响，因此施工时需要严格把关，确保水质。

编制施工方案或施工组织设计有利于指导工程施工，保证工程质量，明确质量验收标准；同时便于监理或建设单位审查。《建筑给水排水及采暖工程施工质量验收规范》GB 50242—2002要求建筑给排水及采暖工程施工现场应该具有必要的施工技术标准、健全的质量管理体系和工程质量检测制度，实现施工全过程质量控制，并规定建筑给水排水及采暖工程施工应编制施工组织设计或施工方案，经过批准后方可施工。

由于设计可能采用不同材质的管道，如不锈钢管、铜管等，每种管道有其各自的材料特点，因此施工人员应经过相应管道的施工安装技术培训，以确保施工质量。

2. 集中生活热水系统主要设备、系统组件、管材管件及其他设备材料，应符合现行相关产品标准的规定，并应具有出厂合格证或质量认证书。

【条文释义】本条阐明了生活热水系统在选择主要设备、系统组件、管材管件及其他设备材料选择的原则。

集中生活热水系统主要设备、系统组件、管材管件及其他设备材料，除应符合现行相关产品标准的规定外，主要设备还应有合格证、铭牌、产品说明书等完整的技术文件资料。系统组件、管材管件及其他设备材料还应具有出厂合格证或质量认证书。

所有材料进场时应对品种、规格、外观等进行验收。包装应完好，表面无划痕及外力冲击破损。主要设备应有完整的安装使用说明书。在运输保管和施工过程中，应采取有效防止损坏或腐蚀的措施。

3. 设备安装前，应对与其连接的管道系统进行清洗，并应校核基础尺寸、预埋件等是否按设备要求施工到位。

【条文释义】本条阐明了设备安装前需要的注意事项。

设备安装前，应对与其连接的管道系统进行清洗，以免砂石、油污、焊渣等杂物进入设备造成堵塞，以及保证进入设备水质安全卫生；土建应根据设备型号施工基础及预埋连接构件，安装设备时需校核设备基础尺寸及预埋件是否满足要求，以保证设备安装质量可靠。

4. 集中生活热水供应系统的施工应符合国家现行有关标准的规定。

【条文释义】本条阐明了生活热水供应系统的施工除满足本规程的技术要求外，还应符合国家现行有关标准的规定。

5. 集中生活热水供应系统设备施工应符合国家现行有关标准的规定，同时应符合厂家技术资料的相关要求。设备及其连接管道和阀门应稳固固定，不得使设备承担管道及附件的重量。设备安装应便于拆卸检修和维护，所有管道连接处不得使用影响水质卫生的材料。

【条文释义】设备安装应严格按照进出水方向安装。

6. 生活热水用薄壁不锈钢管管道工程的施工应符合现行团体标准《建筑给水薄壁不锈钢管管道工程技术规程》CECS 153 的相关规定。

【条文释义】施工时，薄壁不锈钢管的切割应采用专用切割机具。管材切口端面应平整、无裂纹、毛刺、凹凸、缩口、残渣等。切口端面的倾斜（与管中心轴线垂直度）偏差不应大于管材外径的 5%，且不得超过 3mm；凹凸误差不得超过 1mm。

薄壁不锈钢管安装时，与支承件之间应用无腐蚀的非金属垫片隔离，管道的支承不得设在管件、连接口处；水平管道转弯处 1.0m 以内设固定支承（卡）不应少于一处。三通、阀门等处应设置管卡固定，当管道三根以上（含三根）同一平面并排布置时，宜采用排架式管卡固定方式，固定螺栓与相邻排应交错布置，当管道并排布置时，管道的接头应错位安装。管道安装应根据管道长度、环境温度的影响，按设计要求安装补偿装置。

7. 集中生活热水用铜管管道工程的施工应符合现行团体标准《建筑给水铜管管道工程技术规程》CECS 171 的相关规定。

【条文释义】在施工过程中，应防止铜管与酸、碱等有腐蚀性液体、污物接触。管道安装前，应对管件配合公差进行检查。应检查铜管的外观质量和外径、壁厚尺寸。有明显伤痕的管道不得使用，变形管口应采用专用工具整圆。受污染的管材、管件，其内外污垢和杂物应清理干净。管道安装前应调直管材，管材调直后不应有凹陷现象。管材、管件在运输、装卸和搬运时应小心轻放、排列整齐，不得受尖锐物品碰撞，不得抛、摔、拖、压。

施工安装前，应根据设计图纸及现场实测的配管长度，结合不同连接方式精确下料。切割时可采用切管器或用每 10mm 不少于 13 齿的钢锯和电锯、砂轮切割机等设备。切割后的管子断面应垂直平整，且应去除管口内外毛刺并整圆。管道连接前应再次确认管材、管件的规格尺寸是否符合设计要求。

铜管焊接时，钎焊宜采用氧—乙炔火焰或氧—丙烷火焰。软钎焊也可用丙烷—空气火焰和电加热；焊接前应采用细砂纸或不锈钢丝刷等将钎焊处外壁和管件内壁的污垢与氧化膜清除干净。对管径不大于 DN50、需拆卸的铜管可采用卡套连接，连接时应选用活动扳手或专用扳手，不宜使用管钳旋紧螺母，连接部位宜采用二次装配。管径不大于 DN50 的铜管可采用卡压连接，采用与管径相匹配的专用连接管件和卡压机具。在铜管插入管件的过程中，管件内密封圈不得扭曲变形，管材插入管件到底后应轻轻转动管子，使管材与管件的结合段保持同轴后再卡压。

8. 集中生活热水用氯化聚氯乙烯（PVC-C）管管道工程的施工应符合现行国家标准《冷热水用氯化聚氯乙烯（PVC-C）管道系统》GB/T 18993、现行团体标准《建筑给水氯化聚氯乙烯（PVC-C）管道工程技术工程》CECS 136 的相关规定。

【条文释义】施工时，管道切断宜采用细齿锯、割刀或专用工具，切口应平整、光滑、无毛刺，端面应与中心线垂直；倒角坡度宜为 15°~20°，倒角长度不宜小于 1mm。管道与金属管道连接时，应在金属管道一侧设置支架。支架与转换接头金属侧面的间距为150mm~300mm。管道支架或吊架之间的距离应符合相关标准的规定。管道在经过足够的固化时间后，方可以进行水压强度试验。胶粘剂的打压前固化时间和管道尺寸、环境温度、相对湿度等有关。

进行压力测试时，将管道系统内注满水，同时将空气排出。不得使用空气或压缩气体进行压力测试。当环境温度高于 38℃ 时，安装者应确定管材及管件在连接前，附着于接合面上的胶粘剂保持一定黏性。

9. 集中生活热水用聚丁烯（PB）管管道工程的施工应符合现行国家标准《冷热水用聚丁烯（PB）管道系统》GB/T 19473.1~ GB/T 19473.3 的相关规定。

10. 防热损失保温及生活热水自调控电伴热的施工应符合国家现行有关标准的规定，同时应符合厂家技术资料的相关要求。为减少系统热损失，应优先选用传热系数小的保温材料。

【条文释义】电伴热施工安装放线时，应将整卷的伴热线与卷筒安放在支架上，并放置于伴热线路回路的其中一端附近。应沿管道的走向放线，避免大力拉扯伴热电缆，在放线过程中，应避免脚踏或将重物、杂物放置在伴热电缆上。按照设计图纸敷设伴热电缆时，从电源接线盒开始，沿管道走向或容器外壁，用玻璃胶带或铝胶带将伴热电缆固定在管道或容器上，伴热线尽可能沿管道的下方固定。所有的附件接口处均需预留 50mm 长的伴热电缆，以便维修、更换附件等工作。管件的伴热（如阀门、法兰、支架等）应按设计要求预留所需的伴热电缆长度，将预留电缆缠绕在管件的主体上，并将其固定好。

对一些关键管道或容器，可先设计安装，后备伴热系统，以确保管网系统的高可靠性。伴热电缆及附件的安装，应按照安装手册中的有关规定或附件盒内的安装说明书要求进行施工。采用环境温控器控制区域伴热回路的温控系统，温控器应尽可能安装在环境温度最低处或风口的位置。管网伴热采用管道温控器的伴热系统，温控器的感应器应与管道紧贴，并应远离伴热电缆，离管件体至少 1m 以上。温控器安装前，应进行校验和调整。伴热系统安装验收合格后，方可进行保温施工。保温施工完毕后，应在保温层外表面的明显位置贴上安全提示标签。

11. 集中生活热水供应系统设备、配件公称压力低于系统试验压力时，设备、配件应在试压后安装，或对设备、配件采取隔离措施后试压；试压合格后应对整个系统进行冲洗和灭菌。

【条文释义】本条阐明了集中生活热水供应系统设备、配件安装时的保护措施。

集中生活热水供应系统设备、配件公称压力可能会低于管道的试验压力，如果设备、配件公称压力低于管道的试验压力，设备、配件应在试压后安装，或对设备、配件采取隔离措施后试压。集中生活热水供应系统管道实验压力应符合设计要求。当设计未注明时，热水供应系统水压试验压力应为系统顶点的工作压力加 0.1MPa，同时系统顶点的试验压力不应小于 0.3MPa。检验方法：钢管或复合管道系统试验压力下 10min 内压力降不大于 0.02MPa，然后降至工作压力检查，压力应不降，且不渗不漏；塑料管道系统在试验压力下稳压 1h，压力降不得超过 0.05MPa，然后在工作压力 1.15 倍状态下稳压 2h，压力降不低 0.03MPa，连接处不得渗漏。

12. 集中生活热水供应系统出水水质应经专业机构检测，检测指标应符合国家现行行业标准《生活热水水质标准》CJ/T 521—2018 的有关规定。

【条文释义】本条规定了集中生活热水供应系统出水水质验收标准，水质检测指标应符合《生活热水水质标准》CJ/T 521—2018 的有关规定。

水质为集中生活热水供应系统验收的主要项目之一，检测方法按《生活热水水质标准》CJ/T 521—2018 第 5 节要求执行。

13. 集中生活热水供应系统的水温应符合本规程第 4.0.1、5.0.1 条规定。

【条文释义】本条规定了集中生活热水供应系统的出水水温验收标准。

出水水温检测方法按《生活热水水质标准》CJ/T 521—2018 第 5 节要求执行。

水温检测方式为现场检测，用水终端龙头最大流量持续出水 15s，水温计读取溢流出水受水容器中读数，上下变化不超过±1℃，水温计读数为热水系统终端出水温度。

2.2.10 运行和维护管理

本章共分 3 条，提出运行管理应满足的标准，并提出管理方法。

1. 集中生活热水供应系统应按现行行业标准《生活热水水质标准》CJ/T 521—2018 规定的水质检验项目及频率进行水质监测；水质监测宜采用在线监测设备；水质监测测量结果应记录存档；检测水质指标不符合规定的限值时，应及时查明原因，并采取相应措施。

2. 集中生活热水供应系统宜建立热水系统危害分析的关键控制点（HACCP），其方法可按本规程附录 A 的规定执行。

【条文释义】美国环境保护局 EPA 对于建筑热水系统军团菌的控制推荐采用 HACCP 的方法，美国供热、制冷和空调工程师协会制定的协会标准 188：《Legionelosis：Risk Management for Building Water Systems》中同样采用了基于 HACCP 理念的风险控制方法，因此对于集中生活热水供应系统这一复杂的系统，推荐采用危害分析的关键控制点方法。

3. 淋浴喷头及其连接软管应根据水质情况每六个月清洗不少于一次，每年灭菌不少于一次。

【条文释义】日本"关于循环式浴槽的浴池用水的最佳净化、消毒方法"中提出对于淋浴喷头等部位应满足六个月进行一次以上的检查，一年进行一次以上的分解清洁。

第3章 建立生活热水系统危害分析的关键控制点

3.1 生活热水系统军团菌防治措施研究

建立城市二次供水水质安全保障制度是城市用水安全保障的重要组成部分。目前我国部分城市制定了二次供水水质保障措施和管理办法，但这些措施和办法大多没有涉及保障生活热水水质安全的内容。建立生活热水水质安全保障制度，是保障城市二次供水水质安全的重要措施。生活热水水质安全保障应将预防污染和治理污染相结合，建立防治相辅相成的水质保障制度。

目前我国热水水质处理主要侧重水质软化和阻垢防腐两方面，而建筑与小区生活热水系统中实际存在的军团菌问题更应得到重视。针对生活热水系统军团菌危害水质安全的情况，通过有效的预防措施与灭菌技术及合理的管理来维护热水系统水质安全，是建立生活热水系统水质保障安全的核心内容。

本章从军团菌防治的角度探讨生活热水系统水质保障制度的建立。

3.1.1 军团菌的监测

目前，国际上比较完善的军团菌监测机构是欧洲军团菌感染工作组（European Working Group for Le-gionella Infections，EWGLI），该工作组成立于1986年，1987年EWGLI建立起欧洲旅游相关军团菌病监测网络（European Surveillance Scheme for Travel Associated Legionnaires' Disease，EWG-LINET），目前已有包括澳大利亚在内的36个国家参加该监测网络，参与国每年都会报告和交流本国军团菌病的流行病学及微生物学信息资料。

1971年，美国国家疾病预防与控制中心（Centers for Disease Control and Prevention，CDC）、环境保护局（Environmental Protection Agency，USEPA）、国家和领土流行病学委员会（Council of State and Territorial Epidemiologists，CSTE）建立水源性疾病暴发的（waterborne-disease outbreaks，WBDOs）监测网络。1976年以后，军团菌病被列为监测网络监测疾病之一。

目前我国还没有针对军团菌病的监测系统，缺乏全国范围的有关军团菌病流行病学及病原学的统计资料。2003年8月我国颁布了第一个关于军团菌病防治问题的指导文件《公共场所集中空调通风系统卫生规范》（卫法监发［2003］225号），规定了公共场所的中央空调冷凝水中一旦有军团菌等致病微生物被检出，公共场所的经营者应立即关闭空调系统，并进行清洗消毒。2004年北京市疾病预防与控制中心和国家旅游局联合出台相关政策，查出军团菌的酒店不得评定为五星级酒店。

目前国内出台的相关标准包括：卫生部于2001年发布的《军团菌诊断标准及处理原则：WS 195—2001》、黑龙江省发布的地方标准《水中军团菌检验》。但目前我国仍没有相应的法律法规强制要求对生活热水系统进行军团菌定期监测，只有地方疾病预防与控制中心工作人员会在每年军团菌爆发高峰期，对集中空调、冷却塔及酒店沐浴系统进行调查研究性质的抽样检测。2008 年奥运会前，北京市疾病预防与控制中心加强了对各大宾馆、饭店军团菌病的检测，推动了社会各界对热水系统军团菌的关注和监测工作。因此，应通过加强公共场所中央空调、生活热水水质监测，积极研究有效防治军团菌病暴发的措施，采取预防为主防治结合的措施，才能实现有效控制军团菌病造成的公共卫生安全威胁。

3.1.2 军团菌的快速检测

由于水中军团菌快速、准确、经济的检测方法并不普及，使得该领域防控措施缺失，人民的身体健康长期受军团菌的潜在威胁。随着科技的进步，科研人员已经找到对水中嗜肺军团菌血清 1 型（LP1）的快速检测方法，从而使建立军团菌监测和防治制度成为可能。水源中军团菌的检测早已被国际标准化组织 ISO 规定为水质检测中细菌检测的一部分，日本、英国、美国、比利时均有成熟产品使用，近年来欧洲很多国家开始大规模使用。

EQUATE™ 快速试验试剂盒用于检验水中军团菌，采用快速免疫技术，能够定性检测水中嗜肺军团菌血清 1 型，是一种抗原检测法。此试剂盒适用于环境检测，无法进行人类感染病毒的诊断，检测试验可在 1h 内完成。该方法改进了培养法检测耗时长的问题，也不同于对检验人员和仪器有着苛刻要求的 PCR 技术。但 Equate™ 试剂盒只能检测 LP1 一种血清型，并且无法对军团菌的死活加以区分。研究发现，其他杂菌的生长容易干扰该试剂盒的检测效果，同时存在不同血清型的几种军团菌，会降低 Equate™ 检测的灵敏度。

英国 Hydrosense 公司的工业水军团菌快速检测套件，用于检测水中是否存在军团菌血清 1 型，适用于家用冷热水系统。该产品采用测流免疫层析法，短时便捷，通过条纹显色指示检测结果，该检测同样无法区分军团菌的死活。

上述两种军团菌快速检测装置均属于定性检测。

日本离子株式会社提供的军团菌快速检测装置，既可定性检测，也可以 1×10^2 cfu/mL、1×10^3 cfu/mL、1×10^4 cfu/mL 三个浓度为限值判定所测水中军团菌的存在范围，与前两种快速检测方法一样，该检测装置也不能区分军团菌的死活。

近年来，随着科研技术的提高，我国军事医学科学院等单位完全掌握了军团菌快速检测的相关技术，并申请了国家专利"一种检测嗜肺军团菌抗原的免疫层析试纸及其制备方法"（200710119068.1）。该专利发明中检测嗜肺军团菌抗原的免疫层析试纸可以检出 10ng/mL 的嗜肺军团菌血清 1 型抗原，免疫层析试纸可用于各种血清型军团菌抗原的快速检测，且具有较高的灵敏度和特异性。基于军团菌感染的传播特性，采用军团菌的快速检测方法，定期监测生活热水系统中军团菌的定植污染情况，则有可能彻底切断和控制军团菌传播途径，进而消灭军团菌隐患。

3.1.3 国内外热水系统管理维护措施

现阶段我国城市二次供水管理办法主要针对二次供水的建筑给水系统，还没有系统的建筑热水系统水质卫生维护管理体系。而在日本以及欧洲多数国家已有了比较完善的热水系统水质卫生维护管理体系。

1. 国内热水系统管理维护措施

在军团菌方面我国有以下规定：《城镇给水排水技术规范》GB 50788—2012 规定建筑热水供应应保证用水终端的水质符合《生活饮用水水质标准》GB 5749—2006，即军团菌不检出。《公共场所卫生指标及限值要求》征求意见稿中规定，公共场所提供的沐浴及温泉沐浴用水不得检测出嗜肺军团菌。《公共浴池水质标准》CJ/T 325—2010 在温泉水浴池和热水浴池水质检测项目及限制中规定嗜肺军团菌不得检出，并且要求每半年至少检测一次嗜肺军团菌。

香港预防退伍军人病症委员会为保证市民的用水健康，制定了《预防退伍军人病症工作守则》（以下简称《守则》）。该《守则》要求使用新敷设内部饮用水管前，需先进行清洗及消毒，直至水务监督满意为止。同时，该《守则》还从热水供应系统设计与维护两方面分别制定了预防措施。

1）《守则》在设计方面的要求

热水供应系统的热水储存装置（例如直接或间接加热的热水器、储存容器等）操作温度应设定为 60℃以上且保持该温度水在储水装置内至少 5min，以便有效消减细菌，而所有配水管段内的水温，在达到恒温混合阀或龙头出水口处都须至少保持 50℃水温。避免采用天然橡胶及有机物（例如皮革）制造支管系统（例如作为垫圈的物质），因为这些材料会提供养分，有利于微生物滋生，应采用不会滋生微生物的材料如氯丁橡胶等适当的合成材料。

2）《守则》在操作与维护方面要求

热水储存装置须定期排水及清洗。清洗频率应根据沉积物集聚的快慢决定，即主要取决于水源的水质，正常情况下每年至少清洗一次。热水出水口如不正常使用或出水口连接有死水区的供水管道，每星期及使用前全流速冲洗至少 1min。操作过程要尽量减少水雾的产生，可由污水管道把热污水排至排水口，从而切断军团菌通过热污水形成气凝胶传播的途径。

2. 国外热水系统管理维护措施

世界卫生组织对 20 个欧洲国家控制水系统中军团菌的基础法规进行了调查（详见表3.1-1），其中有 14 个国家针对军团菌的爆发制定了相关的防御措施。除土耳其外，其他国家基本都有基础法规或另设相关条例手册，其中有 7 个国家制定了强制性法律法规，4个国家有明确的军团菌预防手册。

日本《建筑物卫生法》之公众浴场法规定了储水槽水质要求及清洗办法，其中《建筑物卫生法》要求储水池每年至少清洗一次，配水管网的清洗液要保证每年至少一次。其在对浴池和热水管道系统维护管理时指出，浴池池壁和热水管网管壁易生长含有军团菌的生物膜，去除和抑制生物膜是必要有效的方法。因此日本强调设备的清洗和消毒，主要有：过酸化水洗净、二氧化氯洗净、冲击波洗净、高浓度盐素消毒、高温消毒等方法。

日本《建筑物的维护管理指南》，中央式热水设备维护管理方法有三部分：①热水温度适当的管理：储热装置至少 60℃；②热水设备内部的热水防止滞留水；③热水设备的清洁。

表 3.1-1 欧洲控制水系统中军团菌的法规

国家	基础法规	爆发后的防御措施	备注
奥地利	健康、洗浴卫生	有	政府健康部门监管饮用水方面 泳池和温泉 spa 设定了特殊法令 一些地方卫生部门制定了相关规定
比利时	环境、公共卫生、劳动安全、生物安全	—	制定了不同风险级别
保加利亚	公共卫生	有	
克罗地亚	公共卫生	有	指南——关于传染疾病的法律
英格兰和威尔士	健康和安全工作、健康、管理安全工作	—	主要立法及执行手册 其他立法：伤病报告、供水水源（给排水管配件）、冷却塔规定
芬兰	健康保护、住房健康、建筑规范、传染性疾病	有	—
法国	公共卫生、饮用水系统、环境	有	—
德国	公共卫生、饮用水系统、欧洲军团菌感染工作组	有	—
匈牙利	—	有	一般预防军团菌的规定
冰岛	劳动安全	没有	准则中特别针对军团菌存在于牙医系统和医院水系统中的规定
意大利	公共卫生	有	预防和控制军团病的指南
拉脱维亚	劳动安全、公共卫生	有	
立陶宛	公共卫生、饮用水	有（报批稿）	主要针对已有临床表现、诊断和治疗的军团病的场所卫生标准进行规定，旨在预防军团病在办公和住宿建筑的水系统中存在
马耳他	公共卫生	有	旅店和其他场所都存在预防军团菌病的执业手册
荷兰	饮用水、沐浴卫生、安全的劳动力、传染性疾病、公共卫生	有	饮用水条例和指导文档（ISSO publication55）；沐浴场所法令和指导文件；政策规定的工作条件；公共卫生法案
波兰	—	有	即将出台饮用水中预防军团菌的法规和新建建筑的管理办法针对已有疾病的预防与传播的实施政策
葡萄牙	—		安装以及空调和冷却塔设备使用的预防指南
瑞典	公共卫生、建筑结构	有	强制性法规和一般性建议
斯洛文尼亚	环境、水、建筑结构	没有	
土耳其	—	—	—

3.1.4 小结

综上所述，生活热水质安全保障制度应包括以下几部分：建立军团菌监测系统；实现军团菌的快速检测；制定生活热水系统管理维护措施；具有有效便捷的生活热水系统消毒技术；制定完善可行的生活热水水质标准。

结合相关研究，本课题针对制定生活热水系统管理维护措施、具有有效便捷的生活热水系统消毒技术、制定完善可行的生活热水水质标准三个内容，提出以下建议：

（1）热水循环系统可降低管道系统军团菌定植的风险。根据热水循环系统的特点，从系统设计角度考虑，热水系统的维护主要体现在以下几个方面：①生活给水水箱、水池设计时避免产生死水区。②热水储水装置水温应为60℃，且应持续维持60℃，到达配水点水温宜大于50℃，不宜过低。我国《建筑给水排水设计手册》中明确指出：医院等易滋生军团菌病的集中热水供应系统中，加热设备的供水温度应为60℃～65℃，并设置消毒装置及有效防治措施；其他类型建筑的集中热水供应系统加热设备的供水温度宜为55℃～60℃。③建议使用不产生水雾的淋浴喷头和泡沫龙头等，防止热水产生含军团菌气溶胶的水雾。④不宜选用大容积水加热器，应选用快速式、半即热式和半容积式以及有导流装置的容积式水加热器，从而避免在水加热器中形成温水区和死水区。热水供应系统的供水管道应设置循环管道，避免死水区。⑤热水储水箱和膨胀水箱应采用密闭式水箱，并与冷却塔保持一定距离。⑥集中热水循环系建议设置消毒装置。⑦热水系统应定期进行军团菌等致病菌检测并清洗消毒。

（2）生活热水是将来自市政的给水加热送至热水系统，流经加热设备和管道系统后，水质已发生变化，达不到《生活饮用水卫生标准》GB 5749—2006 的要求，甚至出现致病菌，对使用者的健康产生威胁。因此制定《生活热水水质标准》CJ/T 521—2018，严格控制嗜热菌群、异养菌，规范适合生活热水使用功能的水质指标，指导增设水质保障技术，为生活热水水质卫生安全保障提供依据。

国际组织和发达国家的水质标准较为完善，主要表现在如下几个方面：①标准与法律法规紧密结合，能够有效地执行。②具有先进、实用的标准，并且随发展不断地对标准进行复审和修订。③具有健全的与标准配套的执行措施。如统一全国标准、检验方法、检验仪器以及培训检验员。

目前我国有关饮用水标准的修订、执行还没有相应配套的法律法规。这就造成了在实施过程中，执法力度不够，许多标准成为"软标准"，在实施中执行效果差。

（3）目前我国各地都在探讨研究二次供水水质卫生的管理办法，但缺乏对建筑热水系统水质卫生的关注及相关管理措施。生活热水是城市饮用水系统之外另一个与居民生活息息相关的水系统，其水质的安全，直接影响到用户的生活质量、身体健康甚至生命安全。因此，针对建筑热水系统制定水质卫生维护管理办法及相应法规很有必要。

3.2 建立生活热水系统危害分析的关键控制点

军团菌在水温为31℃～36℃时可长期存活，在水温为42℃时仍可以繁殖。目前生活热水系统的设计水温一般为50℃～60℃，但由于管道较长、温度分布不一致或存在滞水区，为军团菌的滋生提供了条件。实际上，热水供水过程中很多环节可能导致水质发生变化，出现军团菌等致病菌，通过水汽、气溶胶被人体吸入，威胁人体健康。

3.2.1 军团菌的控制方法

为减少供水系统中军团菌的危害，一般可采取以下技术措施：

1. 危害修复法

指危害发生后采取特定的消毒措施来控制军团菌传播并最终消灭军团菌的方法。生活热水系统军团菌爆发有两个识别指标：一是出现相关疑似病例，二是常规军团菌检测呈阳性。国际上一些机构和组织已经发布了相关的标准或指导性文件，对危害发生后如何修复进行指导。危害修复法通常包括过热高温水冲洗和提高供水系统中氯浓度两种方法。

2. 末端过滤法

指在末端安装特殊设备来减少污染的方法。如在水龙头、淋浴喷头处安装过滤设施作为物理屏蔽军团菌的临时措施，目前一些医院已经使用这种方法，为特殊病人提供卫生安全保障。过滤设施包括超滤、纳滤和反渗透设施。

3. 多级控制方法

指在某些情况下，供水系统消毒剂残留浓度不够（如采用臭氧、紫外线等消毒方式的情况），或水的物理、化学特性影响消毒技术的效果，系统容易受到后续污染，此时需要采取不止一种控制措施来抑制水中军团菌的生长。如果能采取一定的预防和改善措施，不但可以降低军团菌的破坏性，而且可以减少后续修复手段，更加经济。

1）多级控制方法概述

多级控制方法是指系统地运用风险管理原则来减少热水系统中的微生物污染（包括军团菌、分枝杆菌等）、化学污染和物理污染的方法。不同国家或地区常采用不同的名字来命名，如：水管理程序（WMP）、危害分析与关键控制点（HACCP）和水安全计划（WSPs）。

过去类似的管理方法在食品工业中取得了巨大成功，供水系统管理部门也使用多级控制方法，同样取得了很大的成就。1999年，澳大利亚布里斯班的供水系统管理部门就采用HACCP作为水处理、储存和输配过程中的水质保障手段。多级控制方法的优点还包括改进工作程序、改善工作记录的保存和传递，以及促进管理者更加尽职工作等。澳大利亚墨尔本的某个供水系统通过采用HACCP方法，精减了工作流程，减少了客户投诉并促进供应方和使用者对水质安全问题的深入了解，减少了水质事故的发生。在冰岛，大约有68％的饮用水供应系统采用WSPs方法。在日本，研究证明HACCP方法能够保证提供更安全优质的饮用水，并在瓶装水和冰的生产过程中同样获得了成功。

在合适的条件下任何水源都可以成为军团菌疾病的来源，因此在生活热水系统中采用多级控制的风险管理方法很有必要。美国供热、制冷和空调工程师协会（ASHRAE）在ANSI/ASHRAE Standard 188-2015 Legionellosis：Risk Management for Building Water Systems中提到建筑给水系统针对军团菌采用风险控制的重要性。NSF（美国国家科学基金会）也提出了关于在建筑给水系统中采用HACCP的方法控制军团菌的草案。

实践证明，在建筑给水系统中采用多级控制法对抑制典型病原菌的生长十分有效。2004年，德国一所大学的诊室采用了WSPs方法，在使用过程中及时识别了一个基础设施的损坏并进行了修补，使用三年后该医院极低体重新生儿脓毒症概率降低，并且医院没有出现一例军团菌疾病。在美国明尼苏达州，某诊所应用HACCP方法为多个校区的医疗保健设施建立了水管理计划，在实施 HACCP 的过程中发现了输配水管道的设计问题并及时采取了纠正措施。水管理计划可以提高人们对于水质安全问题的意识，以往的军团菌疾病暴发表明，建筑给水系统缺陷对于疾病暴发的影响是多方面的，HACCP 计划或 WSPs 方法的实施对于识别并且纠正这些缺陷起到了积极作用。

除了在现有建筑给水系统中采用多级控制方法进行风险管理，还可以在设计阶段利用这些原则来减少和控制危害。例如，设计时避免产生死水区、缩短水滞留时间，可以减少水原性病原菌的产生。此外喷泉也是军团菌的重要来源，医疗场所内部设计不应该设计装饰性喷泉。

2）多级控制方法的类别

水安全计划（WSPs）是世界卫生组织推荐的一种综合风险管理方法，采用多级控制方法的理念从源头到末端为公共水质安全提供保护。水管理计划（WMPs）是美国供热、制冷和空调工程师协会（ASHRAE）在 ANSI/ASHRAE Standard 188-2015 Legionellosis: Risk Management for Building Water Systems 里提出的一种方法，它可将建筑供水系统中的军团菌风险最小化。HACCP 可以看作是一个持续的多级控制方法，用来保护饮用水和建筑给水系统，避免可能发生的危害。许多供水系统只采用 HACCP 方法的某些原则，而实施完整的 HACCP 程序对供水系统在细节方面进行一个全面的评估，能给公共卫生提供最高水平的保护。

任何一种多级控制方法的应用，如 WMP、HACCP 或 WSPs，对于建筑给水系统保障水质安全都十分有效。以上 3 种方法在组成和实施步骤中有细微的差别，关于采取何种方法，应该由供水系统运营商和业主来决定，哪些方法更适合他们的具体需求，或采用几种方法相结合的方式。

4. 水安全计划 WSPs（Water Safty Plans）

WSPs 是由世界卫生组织提出，由于部分地区所采用其他方法的各项条款定义不如 WSPs 明确，因此这种方法被世界卫生组织推荐作为控制供水系统中军团菌风险的首选方法。世界卫生组织提出由保障供水系统安全的职能部门制定具体的 WSPs 法则。建立并实施该法则的好处是：可以对系统各部位的物理、化学、微生物污染情况进行详细的评估，降低遭受危害的风险，并可以对该法则和控制措施的有效性进行监控。

WSPs 主要由以下三个关键步骤组成：

1）系统评价

主要为了判断系统中是否存在感染军团菌风险的潜在危害，系统评价是整个方案的首要步骤，是后面采取有效控制措施的基础。系统评价包含四部分内容：

（1）成立小组制定 WSPs 法则

第一步是成立一个专家小组，要求小组成员对系统有全面了解。只有小组成员对系统及其运行充分了解，比如系统设计的优点和缺点、运行的特点，才能对系统的运行和监测作出决定。

（2）记录并详细描述当前系统

供水系统越复杂，军团菌感染的风险越大，为了控制军团菌繁殖，熟悉供水系统的布置和运行十分重要。这个工作应由专业人员负责，常规的维修和组件更换也应严格按照说明书或技术资料进行。

（3）评估危机并确定风险次序

进行危害分析及风险描述，确定及明确这些危害如何在供水设备上构成威胁。每个系统应该分别评估，评估的内容包括系统的特性、风险提高时可能产生的危害、军团菌风险的可能来源及其影响水质的过程。

（4）评估供水系统

评价当前的所有相关环节，包括各部位的描述及水系统示意图，这么做有利于显示出军团菌感染的途径、应采取控制措施的位置及系统需要改进的地方、系统各部分运行情况及涉及的相关人员的责任，例如哪里属于供水者的责任，从哪里开始是使用者的责任。

2）系统监测

主要是为了确定控制措施和监测措施，确保水质安全包含三部分内容：

（1）确定控制措施。确定控制风险的方法。

（2）监测控制措施。定义控制措施产生效果的最低限值，并提出纠正控制措施的方法。

（3）确认 WSPs 的有效性。制定具体步骤来确认 WSPs 有效运行并且达到预期目标。

3）管理和记录

指以书面记录系统评估和检测的过程，以及日常操作和事故发生后的所有操作措施，并包含文件的处理和信息的沟通。例如在检测到不好的结果时记录下来，并记录采用的补救方法。包含 3 部分内容：

（1）制定支援计划。提供一个支援人员的计划，例如小组成员的培训和技能的改善，系统的研究和改进等。

（2）制定管理程序。制定在正常及事故情况下的管理程序，包括纠正措施。

（3）制定文件处理和保存的程序。制定 WSPs 中的文件处理和与其他相关人员传递讯息的步骤。

制定 WSPs 的主要步骤如图 3.2-1 所示。

5. 水管理方案 WMP（Water Management Program）

WMP 是美国供热、制冷和空调工程师协会标准 ANSI/ASHRAE Standard 188-2015 Legionellosis：Risk Management for Building Water Systems 里提出的一种方法，其目的是将建筑供水系统的军团菌危害减到最小，适用于商业、住宅群和工业建筑，单栋居住建筑并不适用。WMP 可用于所有新建或改造和规模扩建的建筑供水系统所有流程中，包括设计、施工、调试、运行、管理、维护、修理、更换，以及所有和以上流程相关的组件及供水系统的设计生产过程。

1）WMP 的制定原则

（1）建筑供水系统分析；

（2）确定控制点；

（3）确定控制点应满足的控制限值；

（4）监测控制点的控制限值；

（5）当监测点的控制限值超出范围需采取的纠正措施；

（6）确认 WMP 体系有效运行；

（7）记录并保存。

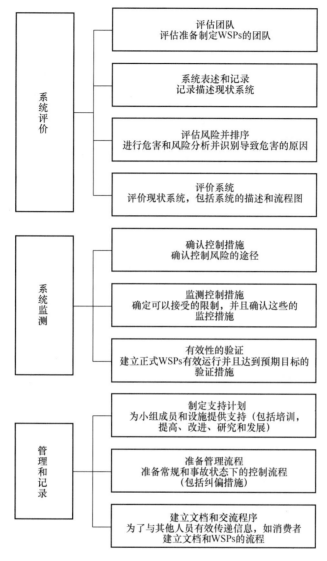

图 3.2-1　制定安全用水计划 WSPs 步骤示意

2）WMP 的制定步骤

（1）项目团队：确定对项目制定和完成负责的人员；

（2）水系统描述、制定流程图：描述建筑供水系统的所有相关细节，并且制定水系统的流程图；

（3）建筑供水系统分析：推测供水系统中可能发生危害的位置，并且确定应采取哪些控制措施；

（4）控制措施：确定采取控制措施的位置，保证危害在控制限值范围内；

（5）监测/纠正措施：建立监测控制措施是否有效运行的程序，如果控制措施未有效运行应采取纠正措施；

（6）确认：建立确认程序来保证 WMP 计划按照设计步骤运行，并确保此方案有效地控制了建筑供水系统的危害；

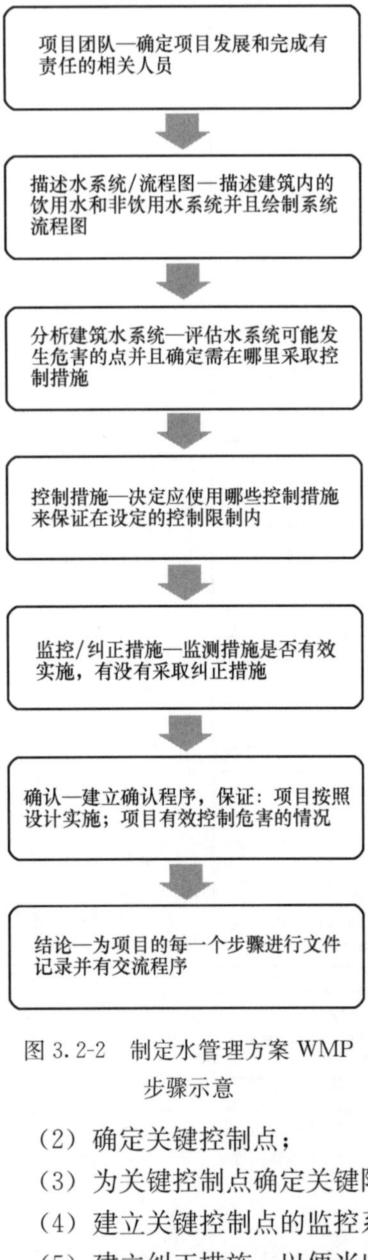

项目团队—确定项目发展和完成有责任的相关人员

描述水系统/流程图—描述建筑内的饮用水和非饮用水系统并且绘制系统流程图

分析建筑水系统—评估水系统可能发生危害的点并且确定需在哪里采取控制措施

控制措施—决定应使用哪些控制措施来保证在设定的控制限制内

监控/纠正措施—监测措施是否有效实施，有没有采取纠正措施

确认—建立确认程序，保证：项目按照设计实施；项目有效控制危害的情况

结论—为项目的每一个步骤进行文件记录并有交流程序

图 3.2-2 制定水管理方案 WMP
步骤示意

（7）记录：建立记录文件，对 WMP 计划运行的每一个步骤进行记录和信息流通。

制定 WMP 的主要步骤如图 3.2-2 所示。

6. 危害分析与关键控制点体系 HACCP（Hazard analysis and critical control point）

HACCP 在 20 世纪 60 年代由美国皮尔斯伯里公司配合美国航空航天局和美国陆军实验室共同建立，早期是为了确保航天员在太空中的食品免受微生物危害。20 世纪 70 年代中期，HACCP 原则运用到食品工业，作为预防措施用来解决食品工业中的生物、化学和物理危害。这种保证食品安全的方法得到世界卫生组织的认可，被认为是控制食品安全必不可少的措施。1993 年，联合国粮食及农业组织和世界卫生组织成立食品法典委员会制定食品安全指导原则采用了 HACCP 方法。通过食品行业 HACCP 的成功，水务部门开始实施 HACCP 方法。

1）HACCP 体系的原理和建立的步骤

HACCP 是基于预防的工程、模式和效应分析。它有五个初始步骤，遵循七个主要原则。

五个初始步骤如下：

（1）建立 HACCP 小组；

（2）描述系统；

（3）确定预期用途；

（4）构造一个流程图；

（5）验证过程流程图。

2）HACCP 应遵循的七个原则：

（1）进行危害分析；

（2）确定关键控制点；

（3）为关键控制点确定关键限值；

（4）建立关键控制点的监控系统；

（5）建立纠正措施，以便当监控系统表明某个特定关键控制点失控时采用；

（6）建立验证程序，以确认 HACCP 体系运行的有效性；

（7）建立有关上述原理及其在应用中的所有程序和记录的文件系统。

制定 HACCP 的主要步骤如图 3.2-3 所示。

7. 不同管理体系的选择

1）以上三种应用最为广泛的管理体系有几个共同点：

（1）均为逐步分级设定体系，并强制通过不同角色在管理过程中的责任来执行；

（2）均是在军团菌疾病暴发前的预防与应对措施，目的在于使整个系统的风险降低；

（3）都不是简单的样本收集和军团菌检测，而是识别引起军团菌爆发的风险因素；

（4）都是对系统的持续监控过程。

2）HACCP 的优势

HACCP 体系是为了明确控制对象及可能造成的
危害，对系统运行过程中可能造成控制对象失控的危
害进行监控的管理方法。HACCP 对于系统的控制主
要通过对关键控制点的监控实现，这是由于生活热水
系统的供应过程十分复杂，从水源、水加热过程、输
配水到出水点中间的各个过程都可能发生水质污染导
致军团菌繁殖。在此过程中有些控制步骤可以消除之
前的危害，但是有些步骤可能导致新的危害发生，对
每一种可能出现的危害都采取控制措施并进行监控很
难实现且达不到预期的效果，这就需要系统性地解决
危害。如果某一程序中所有危害都可以被后面的程序
消除，就不是关键控制点；如果某一种危害始终存
在，那么它就是关键控制点。这样就能找到所有程序
中需要被严密监测的重要步骤，通过对关键控制点的
控制，最大限度地保证水系统的安全。

控制危害的过程中可能包括不止一个关键控制
点，HACCP 体系中关键控制点的确定需要经过严格
的判断，根据《危害分析与关键控制点（HACCP）
体系及其应用指南》GB/T 19538—2004，确定关键控
制点时应使用判断树作为指南。该指南同时指出，判

图 3.2-3 制定 HACCP 的主要
步骤示意

断树并不适用所有情况。如果某一危害在某一步骤中已被确认，需要采取控制措施以保证
水质安全，但在该步骤或任何其他的步骤中都没有相应的控制措施存在，那么在该步骤或
其前后的步骤中，应对产品或操作过程予以修改（图 3.2-4）。

3.2.2 HACCP 在热水系统水质安全控制中的应用

对于建筑供水系统中军团菌的预防，美国疾病控制与预防中心认为没有军团菌存在的
安全水平值，因为环境中军团菌无处不在，所以对每一次阳性的检测结果都采取单一的控
制措施没有必要且不经济，还会对系统设施带来损害。在某些情况下，建筑供水系统军团
菌爆发的风险能够通过一些预防措施，而不是在供水系统出现风险情况后通过消毒的方式
解决。管理者需要考虑不同供水系统的特点来更好地针对军团菌检测作出判断。生活热水
系统防治军团菌不仅要对出水点进行管理，还有必要对水加热设施、储存设施、输配水管
网、消毒设备等整个系统的运行进行改进，系统中任意一点出现问题都可能给用水者带来
感染的风险，因此希望通过导入 HACCP 程序，尽可能解决上述问题。

1. 热水系统 HACCP 程序建立的基础

HACCP 引入生活热水系统水质安全保障，需要有相关的规定作为依据，目前国内对
于生活热水水质相关的标准主要有《建筑给水排水设计规范》GB 50015—2003、《生活热
水水质标准》CJ/T 521—2018、《集中生活热水水质安全技术规程》T/CECS 510：2018。

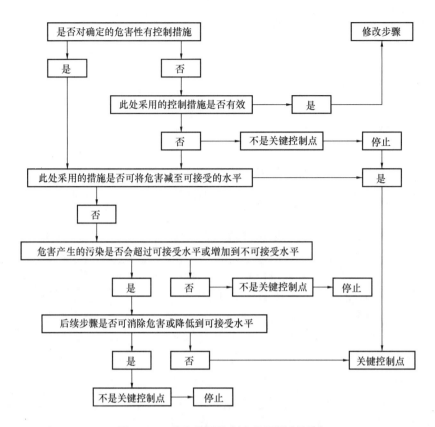

图 3.2-4　确定关键控制点的逻辑判断树

HACCP 各个步骤的实施应以以上标准为依据，制定管理办法。

2. 热水系统 HACCP 程序建立步骤

根据 HACCP 的原理，按照其逻辑顺序将 HACCP 应用于热水系统军团菌控制中，具体制定步骤与方法如下：

1）组成 HACCP 小组

在生活热水系统管理过程中，不同岗位的管理人员应对相应的管理部分承担责任，即使不是直接管理者，对于其管理的部分也应承担关联责任。小组成员主要包括：业主、物业管理公司、服务提供商（如产品供货商、消毒服务供应商）等。小组成员应具备相关专业知识，必要时应对组员进行培训。对他们的业务范围、职责、业务能力都应进行评估并记录存档，包括培训记录、人员职务和职责。

生活热水系统管理的责任人是 HACCP 小组的组长，责任人应足够了解热水系统以及与热水系统相关的所有设备及组成部分，如果系统处于风险中，责任人应能够识别风险并及时进行评估确定应采取的措施。

2）生活热水系统描述

对生活热水系统从水源、加热设备、储水系统、供水系统、消毒设施及相关细节进行详细全面的描述，包括水泵、过滤器、出水点、管网等所有组件。

评估生活热水系统可能存在的物理、化学、微生物危害，采用的水质处理工艺、清洗消毒方式、日常维护方法等，参考内容见表 3.2-1。

表 3.2-1 集中生活热水系统全面描述项目及内容

组成部分	特性	包含内容
热水原水水质	常规指标	水温、总硬度、浑浊度、耗氧量、溶解氧、总有机碳、氯化物、稳定指数
	微生物指标	菌落总数、异养菌数、总大肠菌群、嗜肺军团菌
加热、储存	水加热设备	水温、循环周期、清空时间、设置场所及周边环境
水处理	灭菌	灭菌方法、灭菌剂、浓度、投加方式、投加频率
	缓蚀阻垢	缓蚀阻垢剂、浓度、投加方式、投加频率
	软化	总硬度、软化装置、运行周期
配水管网	循环系统	干（立）管循环、支管循环、支管长度
	管道布置	明装、暗装；吊顶、隔墙、垫层中
用水点	用途	淋浴、洗涤
	洁具种类	淋浴器、涡流浴盆、水嘴
	用水时间	定时使用、全天使用

3) 识别预期用途

预期用途应包含热水系统的用户可能使用热水的所有用途，在特殊场所，还应考虑易受伤害的使用者的情况。例如生活热水可用于洗浴、游泳、洗衣、清洁、房间加热等。不同的场所可能有相同的使用用途，同一个场所可能有不同的使用用途，识别不同的使用用途对于判断危害产生的途径十分重要。

4) 制定集中生活热水系统流程图

热水系统流程图应由 HACCP 小组制定，该流程图应该包括所有的操作步骤，还应包括从水源到用水点的各个环节的参数和细节，例如热水系统最远的用水点、热水管网内水温和压力、水在管网中的停留时间等。

5) 流程图现场确认

在现场检查中，HACCP 小组应确认集中生活热水系统符合使用条件和现行有关标准，并对热水系统流程图进行确认，这一步骤有利于对生活热水系统有整体了解，对于 HACCP 的制定和后期维护十分重要，并且通过比对流程图，可周期性地对系统运行状态进行检查校核。

了解生活热水系统中可能存在的物理、化学或生物危害，如烫伤、结垢、军团菌繁殖等。预估热水系统可能发生危害的位置并确定应采取哪些控制措施。

这里对生活热水水质安全的讨论主要指防治军团菌危害。确认危害后应进一步分析危害发生的原因、发生的部位，见表 3.2-2。

表 3.2-2 集中生活热水系统军团菌危害分析

危害	发生部位	原因	危害
军团菌	热水原水	水质差 灭菌效果差	原水存在大量军团菌 灭菌剂浓度不足，未消灭军团菌
	储热设施	水温不够	水温在 40℃～50℃，适宜军团菌繁殖

危害	发生部位	原因	危害
军团菌	配水管网	存在滞水区域 阀门、过滤器等组件使用有机材料 残余灭菌剂浓度不够	产生沉积物，累积生物膜 促进微生物生长 导致军团菌增殖
	用水点	产生可吸入悬浮颗粒 水温不够 末端处理设备含有机材料	淋浴、水嘴、涡流浴盆的使用产生气溶胶、悬浮态水中军团菌增殖

6）确定关键控制点

关键控制点的确定对于HACCP的运行有效性十分重要，可采用判断树的逻辑进行系统关键控制点的推断。生活热水系统中的关键点包括水加热器出水口、消毒剂投加点、混水阀处、常规冲洗点。

由危害分析可知，控制军团菌危害可采用去除军团菌、改变军团菌生长环境、改变用水方式的方法实现。热水系统中的有机物含量、水温、灭菌剂浓度对于军团菌的繁殖十分关键，因此应对系统关键部位的水温、灭菌剂浓度、微生物指标等进行监控，即作为生活热水系统的关键控制点。

7）确定每个关键控制点的关键限值

关键限值是衡量系统是否安全、系统是否存在潜在危险的标准。根据《生活热水水质标准》CJ/T 521—2018，生活热水系统关键控制点的关键限值见表3.2-3。

表 3.2-3　集中生活热水系统关键控制点及限值

关键控制点	控制限值	检测频率
灭菌剂	游离余氯（采用氯消毒时测定）≥0.05mg/L	每日一次
	二氧化氯（采用二氧化氯消毒时测定）≥0.02mg/L	每日一次
	银离子（采用银离子消毒时测定），用水点银离子≤0.05mg/L，消毒器出水端银离子≤0.08mg/L	每日一次
温度	≥46℃，加热设备出口≥60℃	每日一次
微生物	浑浊度/（NTU）≤2	每日一次
	菌落总数/（cfu/mL）≤100	每年一次
	异养菌数（HPC）/（cfu/mL）≤500	每年一次
	嗜肺军团菌不得检出	每季一次
滞水区	无积水、无沉积物	每周一次

8）建立每个关键控制点的监测系统

监测系统应能检测关键控制点是否失控，并及时提供监测结果，以便尽快作出调整，防止偏离关键限值导致系统失控。监测结果应由指定的责任人进行评估，当监测结果表明关键控制点失控时，应在偏离风险发生前及时进行调整。监测系统应确定对哪个参数进行监测，确定监测频率、检测位置、监测周期及监测结果的记录保存。生活热水系统关键控制点的监测应满足《生活热水水质标准》CJ/T 521—2018 的要求，同时为避免系统存在滞水区给军团菌的繁殖提供条件，应每周对管网滞水区、沉积物检查一次。

9）建立纠偏行为

必须制定各个关键控制点的纠偏措施，以便出现偏离时及时对系统采取控制措施，保证关键控制点重新处于受控状态。

世界卫生组织提出，供水系统中好氧异生菌的检测超出限定值程度不同时，需采取不同的纠偏措施。日本《关于循环式浴槽的浴池用水的最佳净化、消毒方法》中提出，当关键控制点的检测超过限定值时，如果在一天以内恢复到标准情况，则可以继续运营；如果超过一天，则应停止运营，采取清扫、消毒措施。生活热水系统的关键控制点超过关键限值时所采用的纠偏措施如表 3.2-4 所示，同时根据《生活热水水质标准》CJ/T 521—2018，对每一个关键控制点提出纠偏方法，以供参考。

表 3.2-4 集中生活热水系统监控程序及纠偏措施

控制项目	采取方法
符合限值	不采取措施
除微生物外其他控制点有 10%～20% 的检测结果不符合限值	重新采样，如果脱离标准时间超过 1d，根据流程图检查系统，查找原因，同时进行灭菌
除微生物外其他控制点大部分检测结果不符合限值	灭菌，重新采样，如果脱离标准时间超过 1d，检查灭菌设备及灭菌剂投加点，查找原因
微生物或军团菌检测结果超过限定值	灭菌，立即重新采样，如维持该水平，应停止系统运行，对系统进行冲洗和灭菌

10）建立验证程序

日常监测结果和随机抽样检测关键控制点的各项参数值都可以用来验证 HACCP 是否有效运行、系统是否处于风险状态。HACCP 验证程序同时是 HACCP 运行效果的证明，也是系统每个成员都有效履行职责的证明。

11）建立文件和记录保存系统

HACCP 程序的每一个步骤和操作都应该有效、准确地记录保存。需为系统备存设计、操作及维护的记录，应包括下列内容：

（1）负责设计、操作及维护的单位及人员姓名、联系方式；

（2）热水系统的详细信息，各设备型号、参数、制造和安装年份以及操作手册；

（3）系统程序图和机房详图；

（4）热水系统例行维护、清洗及消毒的日期、检测方法、处理方式及结果等。

第4章 生活热水水质调研

影响城市二次供水水质安全的因素有以下几个方面：（1）市政管网长距离输水过程中，由于管道老化，管壁内附着形成生物膜。调研发现废弃的市政管道内壁附着一层由沉积物、锈蚀物和黏垢结合而成的黄褐色、多孔且凹凸不平的生长环，其与水体接触面上生长着一层生物膜，该生物膜层上的微生物生长繁殖及脱落会恶化饮用水的浊度及细菌学指标，并会使饮用水体中含有一些潜在致病菌而危害人体健康，因此，饮用水微生物污染逐渐成为人们关注的焦点。（2）建筑生活给水系统二次加压供水过程中易造成二次污染，由于二次供水系统在工艺设计、管理运行及管材配件选择等方面与市政管网存在差别，其对饮用水的二次污染具有自己的特征，因此需要对建筑内二次供水系统的微生物污染进行研究。（3）生活给水系统作为生活热水系统水源，由于生活给水系统水质不稳定，从而导致生活热水存在生物安全隐患。

集中热水供应系统是满足人们日常生活用于洗涤、洗浴等需求的一种主要供水系统，广泛用于厂矿、企业、宾馆、饭店、医院、公共浴室和公寓住宅等工业和民用建筑。建筑热水在日常生活中应用日益广泛，如今住宅小区对生活热水供应的水量、水质和水压的稳定性提出了越来越高的要求，且星级酒店宾馆一般都采用集中供热系统，设置集中加热锅炉或集中太阳能加热系统，通过设计热水循环系统经过热水供水管路和热水回水管路，来保证星级宾馆酒店的热水、沐浴水对水温的要求。在利用城市热网加热的热水系统（夏季时）、太阳能热水系统以及水源、地源、空气源等热泵热水系统中，由于管道保温及长度分布不一，很难保证在供水的最远端或循环回水管道内的水温不低于$50℃$，这也间接为军团菌的滋生提供了条件。

4.1 关注生活热水水质

市政给水作为生活热水的水源时，虽然其水质符合《生活饮用水卫生标准》GB 5749—2006的要求，但它在经过设备加热、管道输送和用水设备出流的过程中，有机物和微生物含量增加，产生军团菌及其他致病菌；随着水温的升高，热水中浑浊度增加、电导率升高，余氯降低，进一步恶化了热水水质，在建筑管道内产生了机会致病菌，导致集中热水供应系统的水质达不到《生活饮用水卫生标准》GB 5749—2006的要求。生活热水供应系统是城市二次供水的重要组成部分，建筑热水系统水质安全的最大威胁来自于军团菌和分枝杆菌，作为由生活水系统携带并通过空气传播的致病菌，必须引起高度重视。

4.1.1 生活热水中的病原微生物

介水传播疾病的病原微生物主要有以下几类：病毒类、细菌类、寄生原虫类三大类，分别主要包括：腺病毒、脊髓灰质、轮状病毒、甲型和戊型肝炎病毒等；霍乱弧菌、伤寒、沙门杆菌、大肠埃希菌等；隐孢子虫、贾第虫、溶组织内阿米巴、刚地弓形虫等。

一般细菌、病毒和寄生原虫热抵抗能力低，50℃水温作用下 1min～2min 即被灭活，因此在生活热水系统中并不常见，也不能成为威胁生活热水水质安全的主要因素。

在众多水质安全隐患中，水中的病原微生物是引起水质污染、导致水传播疾病暴发的根源，2008 年美国疾病预防控制中心（USCDC）提出，与来自水处理厂的传统粪便传播致病菌相比，建筑供水管道中生长和繁衍的微生物通过水中介传播，导致疾病的发病率更高。

目前美国已将包括军团菌和非结核分枝杆菌在内的机会致病菌（或条件致病菌）归为一类，命名为建筑管道机会致病菌（Opportunistic Premise Plumbing Pathogens，简称 OPPPs）。常见的建筑管道机会致病菌有嗜肺军团菌（Legionella pneumophila）、鸟分枝杆菌（Mycobacterium avium）和其他非结核分枝杆菌，以及铜绿假单胞菌（Pseudomonasaeruginosa，又称绿脓杆菌），此外还有甲基杆菌属（Methylobacterium spp.）、鲍曼不动杆菌（Acinetobacterbaumanii）、嗜水气单胞菌（Aeromonas hydrophila）和棘阿米巴属（Acanthamoeba spp.）等，未来还可能发现更多新的 OPPPs。这些机会致病菌是一类新兴的、能够借助人工水环境传播疾病的病原微生物，能适应在医院、住宅、公寓和办公大楼等建筑物给水环境中生长繁殖。这类病原微生物对特定人群致病几率较高，如老年人、儿童、有肺部疾病的患者以及有免疫缺陷的人群等。人们在日常用水过程中，若肺部吸入含有 OPPPs 的气溶胶或是伤口接触含 OPPPs 的水导致感染，可导致人类罹患不同种类的疾病，严重者会导致死亡。

嗜肺军团菌（Legionella pneumophila）和非结核分枝杆菌两种致病菌因频繁地在建筑生活给水，尤其是建筑生活热水中被检出而走进人们的视野。

建筑生活热水作为日常洗涤、淋浴等用途的用水，是生活用水的重要组成部分。随着人们生活水平的提高和对生活品质的追求，对生活热水的需求量随之增长，部分居住建筑以及医院、养老院、酒店宾馆、高校、写字楼等大中型的公共建筑，均要求设置热水供水系统。公共场所人口密集，相互接触频繁，公共设施交互重复使用易造成污染并引发健康问题。目前大多数的公共建筑和部分居住建筑内采用集中热水供应系统，受水温、水质和管道循环效果等因素的影响，相比自来水管道，这类建筑热水管道中更易滋生军团菌和非结核分枝杆菌。建筑生活热水一般以城镇自来水作为原水，加热至一定温度后，通过热水管道系统输送至末端用水点。加热后得到的生活热水，水温和水中的一些理化指标含量发生变化，与自来水有所不同。其中一些因素的变化给军团菌、分结核分枝杆菌等致病微生物的繁殖提供了有利条件。近年来我国卫生部门和专家学者相继对我国各地水质展开水质调查，已在多个地区的自来水、生活热水中发现军团菌和非结核分枝杆菌的水质污染现象。

1. 非结核分枝杆菌（Non-tuberculous Mycobacteria，简称 NTM）

非结核分枝杆菌，需氧、耐酸、种类繁多，是除了结核分枝杆菌复合群和麻风分枝杆菌以外的分枝杆菌的总称，主要通过水传播导致感染。美国在 20 世纪 30 年代率先发现并报道了由非结核分枝杆菌引起的人类感染病例，此后陆续有新的非结核分枝杆菌被发现，至今已经发现150余种，常见的致病性非结核分枝杆菌包括鸟分枝杆菌、戈登分枝杆菌和胞内分枝杆菌等。

非结核分枝杆菌属于机会致病菌，感染途径分为社区感染和医院感染，在多种非结核分枝杆菌导致的感染案例中，由鸟分枝杆菌（Mycobacterium avium）引起的疾病案例较多。非结核分枝杆菌感染可导致成年人患肺部疾病和皮肤感染，引起儿童患颈部淋巴结炎，致使免疫功能低下的人群患菌血症等。目前非结核分枝杆菌医院内感染越发普遍。美国 2001 年~2012 年期间，医院接诊的非结核性分枝杆菌肺病，绝大多数是由鸟分枝杆菌所引起。虽然目前美国没有非结核分枝杆菌病相关的准确报告，但根据入院的估计说明来看，患病的感染率在目前约 30000 病例基数上，每年以 8%~10% 的速率增加。非结核分枝杆菌主要介水传播疾病，通过吸入含有非结核分枝杆菌的气溶胶，或伤口接触被非结核分枝杆菌污染的水导致感染。我国已经有多起由非结核分枝杆菌导致的医院内感染事件，但目前没有研究直接证明感染与医院的生活热水有关。澳大利亚对非结核分枝杆菌疾病的 18 个患者家中淋浴气溶胶进行检测，从部分患者家淋浴气溶胶中分离出了非结核分枝杆菌，其中一家检出的非结核分枝杆菌与导致患者患病的是同一菌种（M. abscessus），证实了淋浴热水是引起非结核分枝杆菌疾病的感染源之一。对于建筑生活热水，非结核分枝杆菌具有抗消毒剂、耐热等特性，能在低有机碳水平和低氧含量（水流停滞的条件）的水中生长，能在管壁上形成生物膜，多数生长缓慢，同时也是抗阿米巴微生物。综合以上特质，非结核分枝杆菌可在生活热水中生长，并通过生物膜和阿米巴抵御水中不利因素对其产生的影响。

结合军团菌和非结核分枝杆菌的特征可以发现，两种机会致病菌相对耐高温，能很好地适应建筑热水环境；抗消毒剂，对生活热水中的剩余消毒剂有一定的耐受能力；在低有机碳和低氧含量下生长，使其在水流停滞、有机物含量较少的情况下依然生长繁殖；易形成生物膜，并能在有吞噬作用的自由阿米巴中存活，可有效抵御生活热水中各种不利因素对其生存的影响。因此，现有建筑热水管道环境无法有效控制军团菌和非结核分枝杆菌污染问题，甚至给这两种机会致病菌提供了滋生的温床。人们在用热水洗澡时使用的淋浴喷头最易产生气溶胶，若生活热水中含有非结核分枝杆菌和军团菌，淋浴时易吸入气溶胶而导致感染。

2. 嗜肺军团菌

1976 年美国宾夕法尼亚州费城的一次退伍军人集会中爆发了一次不明原因的疾病，共 221 人患病，其中 34 人死亡，病死率超过 15%。美国疾病预防控制中心 Mcdade 等人通过实验证明，从一名死者的肺部组织中分离出的革兰氏阴性杆菌，是此次疾病暴发的罪魁祸首。在 1978 年美国召开的国际会议中，引发此次疾病的病原菌被命名为军团病杆菌（LDB），后更名为军团菌（Legionella）。

军团菌是引发非典型肺炎的三大病原之一，世界各地每年都有爆发军团菌肺炎，社区获得性肺炎病原中军团菌位列前三，而医院内感染的肺炎有 1/4 是由该菌引起的。

军团菌属于水生菌群，在自然界水源中广泛存在。在溪水、河水、温泉水、被污染的热水和岸边的水中均曾分离得到。军团菌是人工管道水中常见的一类菌群，可存在于生活给水和生活热水管道系统中。在河水、沟渠、灰尘、土壤、空调冷凝水、冷却水、医院用水及呼吸机等可能产生气溶胶的水环境中经常会检出军团菌，与现代生活密切相关的人工环境-沐浴水、空调冷却塔水、喷水池水、甚至温泉水、游泳池水也均可能存在军团菌。该菌可以长期存活在 31℃~36℃水中，在含有 80% 左右相对湿度的环境下可以更加稳定地生存。一些常见微生物、原虫能与军团菌形成共生关系，军团菌能够寄生于阿米巴变形虫内，从而保持致病的活力，因此在 36℃～70℃热水中也能够存活。

当在水温较低、营养较贫乏的天然水体中，不适合军团菌的生长繁殖。若管道水温度较高，或者供水管道的管壁和储水设备池壁上存在积垢和生物膜（biofilm），就会为军团菌大量的增长繁殖提供适宜的环境和营养条件。

军团菌以水系统为传染途径。在管道系统中，军团菌主要附着在管壁上的生物膜中。城市二次供水水源中含有细菌时，细菌会随机附着在管壁上利用管道水中的营养物质生长繁殖，从而在管壁上积累渐渐形成管道生物膜。生物膜在管网中的普遍存在，为军团菌提供了适宜的生存环境。

通过解剖人类尸体肺部组织进行病理学检查，及动物实验模型的相关结果表明，只有人体肺泡直接被军团菌感染才会使人致病，侵袭与黏附于上呼吸道而未能到肺部的军团菌不会对人体造成病理损害。空调冷却塔和淋浴器中能够形成较多细小的气溶胶，而此类大小的气溶胶刚好适宜直接到达人体肺泡，一旦有包含军团菌的气溶胶被人体直接吸入肺泡，即可感染发病。因此，空调和淋浴器是人类感染军团菌最直接的危险源。

加热的水和雾化水汽同时存在的系统都有可能滋生军团菌。当水温为 31℃～36℃之间，水中含有丰富有机物时，军团菌可长期存活甚至定植。水温 42℃时，军团菌可在热水中繁殖；如再提高水温，其他细菌受到抑制而军团菌仍能生存，军团菌能够在 25℃～42℃时大量繁殖，存活温度高至 55℃～60℃。

丹尼斯等人提出，军团菌在高温环境下不能够长期存活，实验室条件下军团菌的存活温度可达到 46℃，但不能超过 50℃。这是因为实验室条件下的军团菌是裸菌，其不被宿主所保护。实际管道系统中，大部分军团菌存在于阿米巴虫的保护下或生物膜中。

生活热水的热源部分，比如中央热水机组，热水加热器等，由于其自身特点及储存热量的需求，水温通常都在 60℃以上，因此在其内部存在军团菌可能性低。如果生活热水储水装置内有死水区，其内部则极有可能被军团菌污染甚至定植。

利用 60℃～70℃的高温水对管道进行冲洗，可杀灭热水循环管网和热交换器前后的水中的异养菌、真菌和细菌总数，然而对水温低于 60℃的管段和死水区处不能够灭绝军团菌。有文献研究表明，热水循环系统能够通过水在系统内循环的方式，有效防止军团菌的滋生。然而经过高温灭菌后数月内，如水温长期保持在 50℃以下，军团菌将会重新出现。据调查在医院热水系统中，水温达到 55℃依然不能有效的灭绝军团菌。管路系统较长的热水系统中，管网末端和死水区域易成为军团菌的藏身处，当管道系统中无消毒剂存在的情况下，随着水温的变化及水中有机物的积累，军团菌可能迅速在管网中繁殖扩散。

综上可知，生活热水系统具备军团菌繁殖生长的有利条件，且没有外来消毒技术和定期系统清洗维护措施的生活热水系统，存在着较高的军团菌病暴发风险。

3. OPPPs 的存在状态

美国在约 40％的住宅样本中鉴定出了可检出水平的嗜肺军团菌，在调研的住宅和建筑物淋浴喷头样本中，70％的生物膜样本含有分枝杆菌属，而且其中 30％含有鸟分枝杆菌。国外的研究经验表明，从住宅、公寓、医院和办公楼等房屋建筑管道中完全根除此类机会致病菌几乎是不可能的。

为了节约能源和资源再利用，实现可持续发展，绿色建筑中往往采用节能节水系统，如太阳能热水系统等。水在长距离的管道内停留时间过长，太阳能加热水温升高较慢或热量利用不充分，城市热网、热泵加热不能将水温加热至较高的温度，都增高了微生物生长繁殖的风险，给OPPPs提供滋生条件。

为了保证公共健康、减少细菌的传播，避免人们在用水过程中直接接触水龙头，公共场所普遍使用电子感应式水龙头；有文献指出电子感应式水龙头也有大量检出机会致病菌的情况（军团菌和铜绿假单胞菌），但其滋生原因尚不明确；推测很可能受低流速、适宜温度和自身构件材质（电磁阀与出水口之间的管段通常采用橡胶或聚氯乙烯）等因素的影响。

澳大利亚研究人员对一组使用不同消毒剂的市政管道进行全年监测对比，发现水中军团菌和分枝杆菌数量随管道距离的增加并无明显变化，但都在末端用水点处大量滋生。此外，家庭给水过滤装置对含氯消毒剂的去除，也为致病菌的滋生提供了更有利的生存环境。

4. 致病菌与热水水温

发达国家对军团菌防治均有专门的规范和标准。如美国采暖、制冷与空调工程师学会指南《建筑给水系统军团菌风险控制》、美国退伍军人健康管理局条例1061《医疗机构给水系统军团菌疾病和烫伤防治》；英国对军团菌的规定也比较完善，如卫生安全局发布的《水系统军团菌防治》（L8第四版）、《军团菌疾病技术指南 第一部分：冷却水系统军团菌控制》、《军团菌疾病技术指南 第二部分：生活给水热水系统军团菌控制》、《军团菌疾病技术指南第三部分：其他场所军团菌控制》、英国卫生部《给水系统卫生技术备忘录04-01：冷热水、饮水系统卫生及军团菌控制 第一部分：设计、安装、测试》、《给水系统卫生技术备忘录04-01：冷热水、饮水系统卫生及军团菌控制 第二部分：运行管理》、英国皇家建筑设备工程师学会标准《军团菌疾病风险管理》（TM13：2013）等。

在美国，非结核分枝杆菌肺炎的发病率有上升趋势，特别是老年人，目前约有3万人感染此疾病。美国相关资料表明，给水系统中存在非结核分枝杆菌，该菌对氯、臭氧等灭菌剂有很强的抗性，并且可以在很低的营养浓度下生长。

根据国外研究资料，军团菌适宜生长温度为30℃～37℃，温度大于46℃时生长受到抑制；分枝杆菌适宜生长温度为15℃～45℃，温度大于53℃时生长受到抑制。因此通常将水温控制作为热水系统机会致病菌控制第一道防线。热水水温高又增加了使用人员烫伤的风险，因此热水系统水温的确定就需要综合考虑两方面的因素。

4.1.2 国内外生活热水OPPPs污染现状

1. 国内热水OPPPs污染现状

近年来，生活热水的水质安全引起了人们的广泛关注，我国各地卫生部门对沐浴热水水质进行了大量调查，多个地区沐浴热水中发现军团菌污染的现象，如表4.1-1所示。

表4.1-1　我国热水系统军团菌检出统计

检测单位	检测时间	检出地点	采样点数（房间）	样品数（件）	检出数（株）	阳性率（%）
广州市疾病预防控制中心	2010年	广州市亚运接待宾馆酒店淋浴热水	48	108	10	9.30

检测单位	检测时间	检出地点	采样点数（房间）	样品数（件）	检出数（株）	阳性率（%）
顺义区疾病预防控制中心	2008 年	涉奥公共场所的淋浴热水	8	6	2	33.30
北京市疾病预防控制中心	2008 年	北京市三星级以上宾馆饭店淋浴热水	5	76	5	6.58
北京市朝阳区疾病预防控制中心	2008 年	北京市朝阳区奥运场馆周边宾馆淋浴热水	10	43	3	6.90

中国疾病预防与控制中心于 2008 年 9 月和 2009 年 7 月对我国南方三城市的公共场所淋浴水和淋浴喷头涂抹样中的嗜肺军团菌进行了检测，检测结果见表 4.1-2。

表 4.1-2 苏州、常州、上海市公共场所淋浴水和淋浴喷头涂抹样中嗜肺军团菌检出情况

采样地点	淋浴水*					淋浴喷头涂抹样				
	场所数（户）	样本数（件）	阳性数（件）	阳性率（%）	LP1（%）	场所数（户）	样本数（件）	阳性数（件）	阳性率（%）	嗜肺军团菌（%）
苏州	9	43	19	44	84	9	45	0	0	0
常州	9	45	8	18	18	9	45	0	0	0
上海	11	5	22	40	40	11	55	4	7	25
合计	29	143	49	34	34	29	145	4	3	25

注：* 苏州、常州、上海市淋浴水样品合格率差异有统计学意义，$P < 0.05$。

北京市疾病预防控制中心在 2006 年 1 月至 2010 年 9 月对北京市 297 家宾馆饭店的 621 件生活热水水样进行嗜肺军团菌的培养鉴定，历年生活热水中嗜肺军团菌阳性率分别为 9.9%、9.8%、9.6%、16.7%、15.6%、10.8%，整体呈增长趋势，每年中以第三季度（夏季）阳性率最高、第四季度（冬季）阳性率最低。在 621 份生活热水水样中有 67 份检出嗜肺军团菌，如表 4.1-3 所示，可看出阳性率呈上升趋势。

表 4.1-3 生活热水水样中嗜肺军团菌阳性率

年份	样本粒点（阳性样本粒点）（份）	阳性率（%）
2006	151（15）	9.9
2007	122（12）	9.8
2008	250（24）	9.6
2009	66（11）	16.7
2010.1～9	32（5）	15.6
合计	621（67）	10.8

北京市海淀区疾病预防控制中心在北京举办 2008 年奥运会之前，调查了海淀区宾馆饭店的淋浴水，采样 61 件，阳性件数 2 件，阳性率 3.28%；医院淋浴水 30 件，阳性 2 件，阳性率 6.67%，见表 4.1-4。

表 4.1-4　不同公共场所的空调军团菌检测情况

单位	样品种类	采样件数	阳性件数	阳性率（%）
医院	冷却塔水	56	10	17.86
	淋浴喷头涂抹	8	1	12.50
	淋浴水	30	2	6.67
写字楼	冷却塔水	21	3	14.28
	淋浴喷头涂抹	9	0	0
	淋浴水	12	1	8.33
宾馆饭店	冷却塔水	113	33	29.20
	淋浴喷头涂抹	18	0	0
	淋浴水	61	2	3.28
体育馆	淋浴水	6	0	0

　　许萍等人对生活热水系统微生物学指标检测进行了研究，2008 年在居民小区加热设备出水检出嗜肺军团菌，见表 4.1-5。

表 4.1-5　实际热水水质细菌学指标检测结果

序号	热水来源	细菌总数（cfu/mL）	总大肠菌群	嗜肺军团菌	热水温度（℃）
1	某住宅内部局部电加热器出水	128	未检出	嗜肺军团菌	—
2	某居住小区 2 号楼加热设备出水	70.5	未检出	嗜肺军团菌	45～60

　　2003 年 8 月底至 9 月初，北京市某工厂爆发一起不明原因，但症状类似流感的发热呼吸道疾病，经流行病学调查和实验室检测，证实是一起热水淋浴系统的喷头被军团菌定植污染引起的非肺炎型军团病——庞蒂亚克热（Pontiac fever），热水淋浴系统特别是淋浴喷头是此次军团菌爆发的主要传染来源。追踪调查本次疾病暴发传染源的结果显示，蓄水池和中央空调系统军团菌的检测结果呈阴性，而以公共浴室沐浴水为主要功能用水的生活热水系统和淋浴喷头涂抹军团菌检测呈阳性，值得关注的是在淋浴喷头处所检测军团菌的浓度较高，并且高于 300cfu/mL。

　　北京市海淀区疾控中心在对海淀区公共场所军团菌污染状况的调查中发现，淋浴水军团菌的阳性为 4.59%、淋浴喷头涂抹阳性率为 2.86%，淋浴水中写字楼阳性率最高，为 8.33%，淋浴喷头涂抹阳性率医院最高，为 12.5%。深圳市疾控中心于 2010 年 10 月至 2011 年 12 月对深圳 6 家宾馆酒店进行嗜肺军团菌检测，86 件淋浴热水水样中，20 件呈阳性，阳性率为 23.3%，LP1、LP3、LP6 血清型分别占 65%，10%，25%。北京市西城区疾控中心在对各种水体嗜肺军团菌污染状况和分布规律研究中发现，342 件水样检出嗜肺军团菌阳性 96 件，总体阳性率为 28.1%。淋浴热水、冷却塔水、喷泉水和河湖水阳性率分别为 60.2%，35.8%，16.7% 和 6.7%，其余 3 种水体未检出军团菌，淋浴热水水样阳性率最高。

　　2009 年上海市研究人员在 8 所医院供水系统水中分别检出军团菌和阿米巴，其中 7 所医院存在军团菌污染，且污染军团菌浓度高（10^3 cfu/L）。无论是浓度还是污染比率均高于警戒水平以上，检测结果见表 4.1-6。

表 4.1-6　上海市 8 所医院供水系统军团菌属和阿米巴污染阳性率

医院	样本数	军团菌属		嗜肺军团菌		阿米巴	
		株数	阳性率（%）	株数	阳性率（%）	株数	阳性率（%）
1	49	20	40.8	8	16.3	38	77.6
2	26	19	73.1	5	19.2	25	96.2
3	25	1	4.0	0	0.0	13	52.0
4	22	15	68.2	3	13.6	22	100.0
5	18	14	77.8	8	44.4	18	100.0
6	9	9	100.0	9	100.0	9	100.0
7	22	0	0.0	0	0.0	21	95.5
8	22	5	22.7	0	0.0	20	90.0
合计	193	83	43.0	33	17.1	166	86.0

上海市对 68 所医院的供水系统出水末端水龙头非结核分枝杆菌的污染情况展开调查。208 份样本中，约一半的样本抗酸染色呈阳性，三级医院检出率为 40.21%，二级医院检出率为 55.86%，由此可见上海市医院供水系统中普遍存在非结核分枝杆菌污染的现象。上海市疾病预防控制中心陈超等对上海城市生活饮用水中非结核分枝杆菌展开调查，来自自来水厂原水、出厂水及居民生活饮用水终端的 48 份样品进行检测分析，检出率为 16.7%，其中出厂水检出率为 25%，居民生活饮用水终端检出率为 10.3%。北京市丰台区疾控中心对丰台区 6 家宾馆的水样品非结核分枝杆菌的调查中发现，66 件样品中非结核分枝杆菌的阳性率为 63.6%，自来水阳性率为 50.0%，淋浴水的阳性率为 83.3%，热水的阳性率较高。

由以上检测数据可知，相比自来水，非结核分枝杆菌和军团菌在生活热水中的阳性率更高，由于具备相应的繁殖条件，易引起致病微生物在管道系统中的大量繁殖，导致水体污染，使生活热水成为引起疾病暴发的潜在感染源。

2. 国外热水 OPPPs 污染现状

据 WHO 统计，在世界各国宾馆饭店的供水系统受军团菌感染高，如欧洲 5 个国家（法国、西班牙、德国、意大利和英国）平均感染率约为 55%，英国为 33%～66%；西班牙 114 家饭店，阳性率 45.6%；英国在 1982～1984 年的阳性率为 20%～52%。法国共发生 803 例军团菌病，其中约 14% 为医院获得性感染。约 60%～85% 的医疗机构供水管道系统中定植军团菌感染率最高。在德国饭店（1988 年）在管道系统中军团菌检出 10^1 cfu/mL～10^3 cfu/mL，最高达 10^5 cfu/mL。据文献记载，意大利酒店的热水系统被军团菌定植的情况最为严重，总共对 40 个酒店检测其中 30 个呈阳性，阳性率为 75%，取样 119 个其中有 72 个呈阳性，阳性率为 60.5%，对至少被一种机会致病菌污染的建筑物管道进行检查发现，60% 的水样已被军团菌污染，浓度水平都超过 10^3 cfu/L。

日本县邦雄在"特定建筑物内军团菌防止的对策"讲演中，提供了热水和温泉受军团菌污染的调研资料，见表 4.1-7 和表 4.1-8。

表 4.1-7　日本供应热水军团菌调查（佐藤弘和）

加热方式	检测数	检出数	检出率	检出军团菌数
即热式	20	0	0.0	0
储热式	20	2	10.0	4.0×100
循环式	40	5	12.5	$2.4 \times 101 \sim 1.7 \times 102$
合计	80	7	8.8	$4.0 \times 100 \sim 1.7 \times 102$

注：集中循环式余氯 0.1mg/L 以下，检出率达 30.3%（10/33），55℃以下检出率高，40℃以下检出率更高。

表 4.1-8　日本温泉水军团菌的分布（2003.4—2004.4 古畑）

军团菌属数（cfu/100mL）	检出数（%）
未检出（10 以下）	506（71%）
10～100	98（14%）
100～1000	71（10%）
1000～10000	29（4%）
10000 以上	6（0.8%）
合计	710（100%）

注：检出率 29%，最高为 34000cfu/100mL。

　　上述国内外热水水质现状为研究掌握沐浴水水质变化和热水系统被军团菌定植污染提供了证据，进一步证实了目前沐浴水和热水系统中影响水质安全的因素，因此有必要进一步调研沐浴水和热水水质状况，探索控制军团菌的有效可行方法。

4.2　生活热水水质调研的目的与意义

　　随着以军团菌和非结核分枝杆菌为代表的 OPPPs 引起的疾病发病率逐年攀升，生活热水系统这一特定管道水环境对水质产生的影响不容忽视。2014 年 3～7 月之间热水课题组对北京市内不同类型建筑（大型酒店、医院、高校、住宅和工厂）的二次供水（生活给水、生活热水）系统进行取样检测，初步了解了北京市二次供水水质现状。分析影响二次供水水质安全的主要理化指标，为保障二次供水水质安全提供理论依据和技术措施。

　　2016 年 8～11 月课题组继续对集中热水系统水质进行调研，本次调研对象针对湖南、湖北、河南等地主要城市及北京市主城区具有代表性的大中型建筑物，随机选取建筑内生活热水水质进行检测分析，探索并评价建筑物集中热水系统的水质情况。调研检测数据显示，理化指标合计采样点为 33 个，包括湖南、湖北、河南、北京多地酒店高校办公住宅等，热水平均水温 45.5℃，本次调研对全国 33 个采样点的冷水、热水中的钙硬度含量进行检测，其中黄河以南（长沙、武汉、南阳、平顶山、许昌及郑州等地）10 个采样点平均钙硬度为 108.64mg/L。微生物检测采样点 22 栋建筑采集样品 47 个，其中 7 栋建筑的生活热水水样中检测了军团菌阳性样本，占建筑总数的 31.81%；共检出军团菌的阳性水样 11 件，占总样本数（47）的 23.40%。有 5 栋建筑的生活热水水样中非结核分枝杆菌呈阳性，占本次采样建筑总数的 22.72%；共检出阳性样本 7 件，占总样本数的 14.89%；

阳性水样来源于酒店和住宅类建筑。

4.2.1 二次供水（冷水、热水水质对比）调研

1. 试验方法及试验指标的选择

1）试验的方法

本次试验对 14 个采样点进行取样分析，包括大型酒店、医院、居民小区、高校和工厂的二次供水生活给水及热水用水末端水样。其中建筑热水系统类型见表 4.2-1。采用在线快速检测结合实验室检测的方法，分析水样中以下理化、微生物指标：TOC、DOC、COD_{Mn}、UV_{254}、pH 值、温度、电导率、ATP、余氯、三卤甲烷、细菌总数、异养菌数、浊度。

表 4.2-1 各个采样点的热水系统类型

采样地点	所在区县	热水系统类型	采样地点	所在区县	热水系统类型
居民 A	西城	市政热力集中供热系统	医院 D	东城	燃气锅炉加热集中供热系统
居民 B	海淀	水源热泵系统	宾馆 A	朝阳	锅炉加热集中供热系统
高校 A	西城	市政容积式换热器系统	宾馆 B	东城	锅炉加热集中供热系统
高校 B	朝阳	市政容积式换热器系统	宾馆 C	海淀	锅炉加热集中供热系统
医院 A	海淀	市政容积式换热器系统	医院 E	石景山	太阳能集中供热系统
医院 B	西城	市政容积式换热器系统	高校 C	石景山	太阳能集中供热系统
医院 C	西城	市政容积式换热器系统	工厂 A	丰台	太阳能集中供热系统

2）样品来源

参照《水质 采样技术指导》HJ 494—2009，于 2014 年 3 月～4 月采集 14 个样点 140 份样品进行检测，其中涵盖 14 个样点管网末梢水和生活热水。具体操作严格按照《生活饮用水标准检验方法 水样的采集与保存》GB/T 5750.2—2006 进行样品采集和保存。

3）器材设备

（1）S：：can 在线监测设备（奥地利是能公司、DI Andreas Weingartner 教授研制）

s：：can 光谱仪器是探头形状的功能全面的光谱仪，外形详见图 4.2-1。测量原理是基于朗伯-比尔定律：吸光度 $A = -\log (I/I_o) = e * C * OPL$。s：：can 光谱探头为用户提供紫外-可见光（220nm～720nm）全光谱分析，由氙灯提供光源，经分光镜将光束一分为二，一束用于测量，另一束经过蒸馏水为检测器提供稳定的参比光强，检测器采用 256 像素的阵列二极管，对光强接收、分析从而获得"光谱指纹图"（吸收光谱，见图 4.2-2）。

图 4.2-1 s：：can 光谱仪器产品

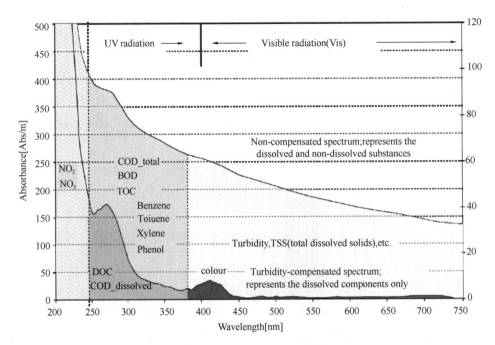

图 4.2-2　s：：can 光谱仪器光谱指纹图

通过指纹光谱中所包含的信息，可同时监测多个参数，并针对可能的交叉灵敏度对这些参数进行补偿。s：：can 光谱仪器使用 Global Calibration 全球校正，仪器自带的系统内已根据全球许多不同的标准应用进行了预校正，同时可根据用户不同需求，针对不同水体定制 Global Calibration 进行安装。"全球校准"可从光谱指纹图中计算出多个参数的浓度，作为特定应用并进行出厂预设置。仪器可测量参数：COD、BOD、TOC、DOC、UV_{254}、浊度、酚等众多参数。本次试验由于工作量繁重、试验条件限制，仅对有机物指标进行了 s：：can 在线检测。

在 s：：can 光谱仪器未校正前，本课题组用该仪器对四种可饮用水进行初步检测，检测结果见表 4.2-2。由表 4.2-2 可以看出，未经过校正的光谱仪虽然在数值上不够准确，但反映出四种饮用水中有机物的一个整体趋势，符合理论规律。

表 4.2-2　s：：can 光谱仪器对四种可饮用水的检测结果

试验水样	瓶装纯净水（怡宝）	自来水	开水器静置后低温热水（约40℃）	开水器静置后高温热水（约60℃）	桶装水	桶装水热水（约40℃）
TOC（mg/L）	0.32	1.31	1.15	1.11	0.25	0.28
DOC（mg/L）	0.20	0.41	0.31	0.26	0.16	0.19
COD（mg/L）	0.00	0.83	0.41	0.20	0.00	0.00
UV254（Abs/m）	0.18	1.27	0.74	0.51	0.00	0.04

二次供水水质调查试验前，课题组对 s：：can 光谱仪进行了实验室校正试验，从同一用水点同时取两组水样，分别进行 s：：can 光谱仪检测和实验室检测（表 4.2-3）。

表 4.2-3 s：：can 光谱仪器校正结果

检测指标	实验室所用仪器/方法	测定结果	
		s：：can 检测仪测定结果（未校正）	实验室结果
UV_{254} （ABs/m）	TU-1901 双光束紫外可见分光光度计	1.416	0.014
TOC （mg/L）	美国 OI1030W 湿式氧化法 TOC 测定仪	1.17	1.41
DOC （mg/L）	美国 OI1030W 湿式氧化法 TOC 测定仪	0.43	1.09
COD_{Mn} （mg/L）	酸性高锰酸钾滴定法 GB/T 5750.7—2006	0.896	1.3

在实验室中若要检测 COD_{Mn}、TOC、DOC、UV_{254} 等有机物指标，需要专门分析的高级精密仪器，并需要大量的时间和耗材，尤其是检测 TOC 和 DOC 时，TOC 检测仪升压降压所消耗的时间就长达 1h 以上。高锰酸钾滴定法检测 COD_{Mn} 步骤繁琐，工作量大。用 s：：can 光谱仪进行在线检测，一方面省去了实验室大量的准备工作，另一方面在节省时间和节省耗材方面也有很大的优势。故本次试验在考虑自身实验条件下，选择 s：：can 在线监测设备对有机物指标进行检测。

（2）3M™Clean-Trace™NG 荧光检测仪

a 仪器介绍

3M™Clean-Trace™NG 荧光检测仪外形如图 4.2-3 所示。Clean-TraceNG 发光测量计与 3M 试剂盒联合使用，用于测量表面污染或水样污染的程度，所采用的技术是三磷酸腺苷（ATP）生物发光法。ATP 这种物质存在于所有动植物内，包括多数食物残渣、细菌、真菌和其他微生物。ATP 测量原理是利用在萤火虫尾部提取液中含有的荧光素和荧光素酶，该酶能利用 ATP 能量发光。荧光素/荧光素酶（荧光试剂）＋ATP＝光。发出的光与 ATP 的量成正比。利用 Clean-TraceNG 发光测量计测量样品发出光的强度，以"相对光单位 RLU（Relative Light Unit，RLU）"显示。

使用方法如下：

① 光标会指向"测量样品（MEASURE SAMPLE）"，见图 4.2-4。

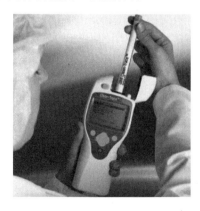

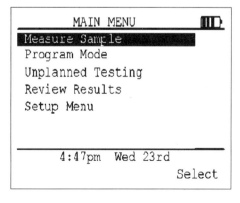

图 4.2-3 3M™Clean-Trace™NG
荧光检测仪外形图

图 4.2-4 3M™Clean-Trace™NG
荧光检测仪显示

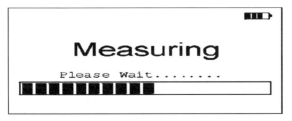

图 4.2-5　3M™Clean-Trace™ NG 荧光检测仪显示

② 将 3M 检测装置插入 Clean-Trace NG 发光测量计内，若要测量样品，按下绿色的"选择（SELECT）"键。屏幕将显示词语"测量中（MEASURING）"，等待 5s 到 1min 后，将显示一连串"顺数（count-up）"方块。

③ 然后屏幕会将结果以"相对光单位（RLU）"显示出来，见图 4.2-5。

④ 要想测量下一份样品，取出前次受检品，插入下一份样品后按下绿色"测量（Measure）"键。所有测量结束后，按"后退（Back）"键返回"主菜单（MAINMENU）"。

b　仪器的选择

目前检测 ATP 的仪器有很多种，国外研究者对四种 ATP 检测仪系统（Uni-Lite® NG/Clean-Trace® ATP 检测仪、Lightning MVP™/Lightning MVP™ surface sampling device ATP 荧光检测仪、AccuPoint™ ATP 检测仪和 novaLUM™/PocketSwab Plus® ATP 荧光检测仪）的重复性作出评估，详见表 4.2-4，研究发现，Biotrace 系统的检测仪重复性（变异系数 $[cv]$ 为 7.4%）是最好的，其次是 BioControl 系统（$[cv]$ = 38.1%），Charm 系统（$[cv]$ =58.7%），最后 Neogen 系统（$[cv]$ =89.4%）。因此，本试验选用英国 Biotrace 公司（日本生产）的 2.（2）3M™ Clean-Trace™ NG 荧光检测仪（以下简称 3M-ATP）。

表 4.2-4　四种 ATP 荧光检测仪的重复性评估

仪器型号		测量 10fmol ATP		
		平均值（RLU）	变异系数（%）	95%置信区间
	英国 BIOTRACE 公司 Uni-Lite® NG/ Clean-Trace® ATP 检测仪	89.1	7.4	76.2～101.9
	美国 BioControl 公司 Lightning MVP™/Lightning MVP™ surface sampling device ATP 荧光检测仪	3167	38.1	804～5529

续表 4.2-4

仪器型号		测量 10fmol ATP		
		平均值（RLU）	变异系数（%）	95%置信区间
	美国 CHARM Science 公司 novaLUM™/PocketSwab Plus® ATP 荧光检测仪	1391	58.7	0~2991
	美国 Neogen 公司 AccuPoint™/AccuPoint™ ATP surface sampler ATP 检测仪	51.9	89.4	0~142.8

c ATP 生物荧光检测仪的应用

长期以来，国内多采用传统牛肉膏蛋白胨培养基，国外多采用 R_2A 培养基进行异养菌平板计数（Heterotrophic Plate Counts，HPC），两者培养温度不同，前者 37℃，后者 22℃；培养时间也不同，前者 24h~48h，后者 7d。而 ATP 生物发光法作为一种新型的微生物检测方法，无需培养过程，操作简便，灵敏度高，在短时间内即可得到检测结果，在快速检测上有巨大应用潜力。使用 3M-ATP 检测设备，可在几秒钟快速得到水中 ATP 含量，通过水中 ATP 含量估算水中的微生物含量，从而达到快速评判水质安全的目的。

本课题组首先用 3M-ATP 检测仪对五种可饮用水质进行 ATP 检测，详见表 4.2-5。根据 3M-ATP 检测仪对饮用水的规定，即 $RLU<100$ 为合格水，由表 4.2-5 可以看出，五种可饮用水的 ATP 检测均小于 100RLU，为合格用水。

表 4.2-5 五种可饮用水 ATP 检测结果

实验水样	瓶装纯净水 （怡宝）	自来水	开水器出水静置后低温 热水（约 40℃）	桶装水	桶装水热水 （约 40℃）
RLU	2	27	3	7	11

2. 试验检测指标选择

参考《生活饮用水卫生标准》GB 5749—2006 同时根据《二次供水设施卫生规范》GB 17051—1997 中水质指标的必测项目和选测项目，选定本次实验的检测指标。在试验中，如选择的检测指标过少或过多，会造成无法对水质进行全面性的评价或工作量大等问题，且指标间的信息会相互重复或干扰。因此，有必要根据试验目的对《二次供水设施卫生规范》GB 17051—1997 中的检测项指标进行选择。《二次供水设施卫生规范》GB 17051—1997 中包含的必测项目有：色度、浊度、嗅味及肉眼可见物、pH 值、大肠菌群、细菌总数、余氯；选测项目有：总硬度、氯化物、硝酸盐氮、挥发酚、氰化物、砷、六价铬、铁、锰、铅、紫外线强度；增测项目有：氨氮、亚硝酸盐氮、耗氧量。根据本试验的主要研究目的，从感官性状、一般化学指标、毒理学指标、细菌学指标中选取与微生物再生长及消毒效果相关性较大的理化微生物指标。此外为了保证研究的完整性，根据其他相关课题研究的结论，选取可能与本试验研究中二次供水水质相关性较大的指标进行检测分析。

1）有机物指标的选择

有机物是城市给水系统中的一类主要污染物。目前已发现给水水源中有机物多达2221 种，其中 765 种存在于饮用水中，20 种被确认为致癌物，23 种为可疑致癌物，18 种为促癌物，56 种为突变物。水源水中的有机物可以分为天然有机物（NOM）和人工合成有机化合物（SOC）。动植物在自然循环中经分解产生的物质，包括腐殖质、微生物分泌物等称为天然有机物，它们通常是"三致"物的前驱物。人工合成有机化合物大多为有毒有机污染物，其中大部分是"三致"物质。在净水工艺的消毒等过程中还会产生新的有机污染物，称为二次污染物，例如自来水中的三卤甲烷（THMs）就是在加氯消毒过程中产生的有机物，在天然水中并不存在。

在城市给水处理中，一般采用综合性指标表示有机物浓度或者数量。综合性参数以所有污染物含有的共同元素（例如"碳"）作为计量基础，或者以所有污染物物质能够换算的元素（例如"氧"）作为计量基础。以"碳"表示的指标主要是总有机碳（TOC）和溶解性有机碳（DOC）等。以"氧"表示的指标主要是化学需氧量（COD）。

市政管网系统中存在的微生物大多是异养菌，有机物是其能源物质。因此，在本试验中选择有机物指标十分关键，可以用有机物含量来衡量和评价水中微生物再生长的能力。

（1）总有机碳 TOC

TOC 表示水中总有机碳含量，它实际上是有机污染的综合指标。天然水的 TOC 主要由腐殖质组成，按其存在状态大致可分为颗粒的（POC）和溶解的（DOC）。POC 主要粘附在悬浮颗粒物上，一般在水处理的混凝沉淀和过滤过程中能够有效去除，而 DOC 在常规水处理中不能很好地去除。因此，在饮用水中 TOC 主要存在形式是 DOC。《生活饮用水卫生标准》GB 5749－2006 中将 TOC 列为参考指标，并提出 5mg/L 的限值。有学者认为，可将北京市生活饮用水 TOC 标准值定为 4mg/L。目前美国及德国已对综合评价水质有机污染物的指标 TOC 提出了最高阈值（为 4mg/L）。美国环保署提出的《消毒剂和消毒副产物规定》中提出水源水的 TOC 限值为＜4mg/L，饮用水的 TOC 限值为＜2mg/L。芬兰对饮用水 TOC 限值为 2mg/L。TOC 能较好地反映水中有机物污染程度，能较准确地反映水中需氧总量，是水中有机污染综合指标之一。高锰酸钾（COD_{Mn}）指数不能作为理论需氧量或总有机物含量指标，因为在规定的条件下，许多有机物只能部分被氧化，易挥发有机物也不包含在测量值之内。因而，作为一项衡量水中有机物总量的综合指标，TOC 比目前采用的耗氧量指标具有更强指示性。从理论和实测值分析，TOC 与 COD_{Mn} 两者非常接近，且 TOC 的氧化率大于 COD_{Mn} 的氧化率。因此，TOC 能较准确地反应水中总需氧量。相比较而言，总有机碳比耗氧量能更准确地表示水中的有机物含量，但需要专门的检验仪器，相对较为复杂。有研究表明，TOC（DOC）与耗氧量有良好的线性关系，测定 TOC 结果的精密度值较小，而测定 COD 则较大，这表示测定 TOC 结果的精密度要好于 COD 测定结果，从技术分析角度来说，TOC 的检测更为简便快捷，也能更准确地衡量水中有机物的总量。

在饮用水中要严格控制 TOC 的另一原因是饮用水中有机物在进行液氯消毒时产生毒

性很大的消毒副产物（DBPs），其中数量最多的是三卤甲烷（THMs）。Black. BD 等人详细研究过 TOC 对 THMs 致癌风险的相关性。他们的研究表明，三卤甲烷的含量随 TOC 的增加而增加。

目前，大部分研究者用可同化有机碳（AOC）作为评价管网水中细菌生长潜力的首要指标，AOC 是有机碳中的一部分，有研究表明 AOC 与异养菌数（HPC）的再生长能力相关性较好。本试验中由于缺乏检测 AOC 的条件，用 TOC 象征性指代，探讨 TOC 与 HPC 的关系。

（2）溶解性有机碳 DOC

对于溶解性的有机物，通常以溶解性有机碳（DOC）表征。DOC 是 TOC 的一部分，在饮用水中，TOC 主要以 DOC 的形式存在。有研究表明，水样 DOC 与悬浮菌数量 HPC 具有一定的相关性，水中有机物含量（DOC）的增加将加剧悬浮菌再生长情况；当水样 DOC<2.5mg/L 时，悬浮菌再生长相对较低；而当水样 DOC>3.0mg/L 时，水中悬浮菌数量较易超过 10^5 量级。国外研究经处理后的 DOC 浓度范围见表 4.2-6。

表 4.2-6　国外水处理 DOC 浓度

国家	系统（N）	DOC（mg/L）	参考论文
荷兰	20	0.3～8.6（3.3）	Van der Kooij1992
美国	79	0.2～4.3（2.0）	Kaplan et al. 1994
芬兰	24	0.6～5.0（2.7）	Miettinen et al. 1999
美国	31	0.6～4.5（2.0）	Volk and lechevallier 2000

注：括号内为平均值。

2）化学需氧量 COD_{Mn}

化学需氧量 COD 是在标准化的条件下，有机物被强氧化剂氧化所需要消耗的氧量。对于饮用水和水源中的有机物，常采用高锰酸钾作为氧化剂，由此测得的耗氧量称为高锰酸钾耗氧量，以 COD_{Mn} 表示，单位为 mg/L。耗氧量一般采用化学方法分析，易检测，可操作性强，便于经常检验，现阶段我国饮用水标准中采用耗氧量作为有机物总量的常规指标。《生活饮用水卫生标准》GB 5749—2006 中将耗氧量列为常规指标，并根据水源水质不同，规定了限值为 3mg/L（或 5mg/L）。

3）紫外吸光度 UV_{254}

UV_{254} 也可作为有机物的一个替代参数。UV_{254} 是指在波长为 254nm 处的单位比色皿光程下的紫外吸光度。反映水中天然存在的腐殖质类大分子有机物以及含 C＝C 双键和 C＝O 双键的芳香族化合物的多少。紫外吸收（UV）由分子中电子的跃迁所引起，从紫外光谱可获得有关分子中共轭体系的存在、共轭链的长短及取代基对生色基团的影响等信息，从而有助于洞察分子的基本骨架结构或生色基团的某些特征。由于 UV_{254} 只是 254nm 一个波长处的紫外吸收，所反映的并不是某一种有机物浓度，而是多种有机物的浓度之和，是多种有机物的共存含量。国内研究者证实了 UV_{254} 是 TOC、DOC 以及 THMs 前驱物的替代参数，可以作为有机物的控制参数，即间接指标。UV_{254} 作为 TOC、DOC 的替代参数，可以使用更便捷的测定方法来间接表示 TOC 或 DOC。

4）pH 值

pH 值是水质检测极为重要的化学指标之一，因为许多水处理过程与 pH 值有关。《生活饮用水卫生标准》GB 5749—2006 中要求生活饮用水的 pH 值不小于 6.5 且不大于 8.5。pH 值的高低影响余氯衰减及微量有机物、无机物和微生物在水中的活动等。

当用氯作为消毒剂时，氯溶解于水生成次氯酸 HClO 和次氯酸根离子 ClO⁻，其中 HClO 的消毒作用是 ClO⁻ 的 40 倍～80 倍，HClO 和 ClO⁻ 在水中的比率取决于 pH 值，当 pH 值<7.5 时，水中余氯主要以 HClO 形态存在。因此，在一定加氯量下，pH 值将成为杀菌效果的一个决定性因素，即 pH 值越低，HClO 含量越大，越有利于杀菌消毒。

pH 值还与管材有关，对金属管材而言，pH 值和溶解氧是管道腐蚀的主要影响因素。首先，由于电化学作用，在管道内壁形成氢氧化亚铁，然后被水中溶解氧氧化，生成氢氧化铁，以膜的形式附着在管道内壁。当水的 pH 值变化时，部分氢氧化铁脱水形成铁锈，沉积在管道内表面。如果 pH 值小于 6.5，水对钢管、铸铁管的腐蚀作用将大大加强，电化学反应不断进行，管道形成锈垢。锈垢是生长环的基础层物质，当锈垢越多时管壁表面沉积物会越来越多，会增加微生物生长繁殖所需的营养物质，从而有利于微生物再生长繁殖。

5）温度

水的物理化学性质与水温有密切关系。水中溶解性气体的溶解度和水中生物和微生物活动有着密切关系。水温能影响微生物生长速度、消毒效率、余氯消耗速率、管网水力条件、管材腐蚀速度等，直接或间接影响细菌生长，可能是影响细菌生长的主要因素之一。

在一定温度范围内，温度每升高 10℃，微生物体内酶促反应速率会提高 1 倍～2 倍，使得微生物的代谢速率和生长速率均有相应的提高。许多研究发现，水温在 15℃ 以上时，微生物活动明显加快。水温不但影响细菌生长速度，而且延长了微生物的对数生长期，使其产率因子升高，同时还发现大肠埃希氏菌和其他肠道菌尽管能在 5℃～45℃ 范围内生长，但水温低于 20℃ 时生长缓慢。Lechevallier M W 研究发现实际管网中细菌的生长与水温有密切关系，水温为 5℃ 时管网中仍有细菌生长。

Alex Francisque 等人研究加拿大给水管网水质时发现：冬季水温≤4℃ 时有 75％ 的水样未检出异养菌总数；水温低于 11℃ 时，有 0.6％ 的水样异养菌总数高于 100cfu/mL，这个比例约低于较高水温（>18℃）水样异养菌总数的 1/5。SilhanJ 等人也认为对于未经消毒的饮用水，水温是影响生物膜生成的重要因素。

6）电导率

电导率作为衡量水质和测量溶液浓度的一项重要指标，是很重要的化学量。电导率是电导池常数与溶液电阻的比值，是以数字表示溶液传导电流的能力。溶解性总固体是生活饮用水监测中必测的指标之一，它可以反映被测水样中无机离子和部分有机物的含量。水中含过多溶解性总固体时，饮用者就会有苦咸的味觉并感受到胃肠刺激。溶解性总固体高，除对人体有不良影响外，还可损坏输配水管道或使锅炉产生水垢等。《生活饮用水卫生标准》GB 5749—2006 对电导率没有提出限制，但要求溶解性总固体不得大于 1000mg/L。

国内外研究发现，溶解性总固体（TDS）和电导率（EC）之间有良好的相关性。卢红研究发现，电导率法测定水样在溶解性总固体 0～4000mg/L 浓度范围内两者线性关系良好，低浓度曲线回归方程为 $y=2142+2152x$，$r=0.19997$；高浓度曲线回归方程为 y

$=2156x-10137$，$r=0.19996$。国外研究者提出，在 25℃时，溶解性总固体和电导率存在如下关系：TDS（mg/L）$=K×EC$（μS/cm），其中 $K=0.7$。日本研究者调查表明，在 20℃～60℃范围内，电导率在 500μS/cm～1500μS/cm 的条件下，军团菌更易繁殖生长。

7）ATP

ATP 是生物体内的能量物质，对生物体的存在以及体内的生命过程有着特殊意义。ATP 普遍存在于活的生物体内，而且每一细胞内的 ATP 含量大致相同。细菌活细胞内均含有较恒定的 ATP 含量，生物体死亡后 ATP 将很快被分解掉，活细胞中 ATP 与有机碳的比率是相当稳定的，有研究表明 ATP 与细菌之间具有良好的相关性规律。因此，利用 ATP 生物发光法测定 ATP 含量后，通过测定样品中的 ATP 浓度就能推算出微生物浓度，即可用 ATP 来估算微型生物的生物量。早在 1968 年，ATP 就被用来检测宇航系统水中的微生物。ATP 生物发光法是近年来发展最快的定量微生物检测分析技术之一，具有快速、简便、灵敏度高等特点。

对于利用 ATP 生物发光法来检测微生物，国内外已有很多相关报道。樊广华、伍季等研究了不同温度对发光反应的影响，得出最佳反应温度为 25℃。Ishida A 等研究了不同 pH 值对发光反应的影响，得出反应的适宜 pH 值为 7.14～7.18。

本课题组曾做过关于 ATP 与异养菌和细菌总数相关性的试验研究。试验结论如下：异养菌数值、细菌总数数值和 RLU 值三者具有一定的相关性，相关系数 R^2 分别为 0.972 和 0.959，得出结果说明 RLU 值的对数值与异养菌、细菌总数的对数值之间存在正相关。分别满足回归方程 $y=0.710x+3.980$，$R^2=0.972$；$y=0.744x+1.331$，$R^2=0.959$。

故本次试验选用 ATP 为检测指标，是为了进一步发掘 ATP 与细菌总数与异养菌的关系，同时考察分析以 ATP 作为指示二次供水中微生物指标合格情况的准确性。

8）余氯

生活饮用水用氯化法消毒，消毒剂在水中发生各种反应之后，剩余留在水中的氯量称为余氯。氯是一种强氧化剂，能与管道中的病菌、微生物以及其他有机物发生化学反应，因此其余氯量是沿程减小的。《生活饮用水卫生标准》GB 5749—2006 规定：出厂水质要求消毒剂与水接触 30min 后余氯不小于 0.3mg/L，管网末梢余氯不小于 0.05mg/L。

游离性余氯是指水中以次氯酸和次氯酸根离子形态存在的余氯。适当浓度的游离氯对抑制管网中细菌再生长具有显著效果，游离氯具有很强的氧化性，与管网水中的有机物反应，一方面促进了消毒副产物的产生，另一方面还提高了水中有机物的可生物利用性。试验证明，接触作用 30min、游离余氯在 0.3mg/L 以上时，对肠道致病菌（如伤寒、痢疾等）、钩端螺旋体、布氏杆菌等均有杀灭作用。故余氯的含量与微生物的再生长繁殖有较大的相关性。

但是，管网中余氯的衰减可能造成末梢水余氯量不达标的情况。有研究表明，给水管网中余氯衰减主要与温度、pH 值、管材等有关。Nicholas B H 等人以英国墨尔本水厂为研究对象，从 2000 年到 2003 年，通过 148 个水样的主体水衰减实验发现：当温度从 10℃上升到 20℃时，衰减系数可以增加 2.08 倍。即满足温度升高，余氯量下降。Chowdhury Z 等人取四种不同处理工艺后出水研究了 pH 值对余氯衰减的影响，当 pH 值从 8.0 增加到 10.5 时，余氯的衰减速率变慢。还有研究表明，铸铁管中的腐蚀产物将消耗管网中的余氯。合成管材管网和铸铁管材管网，氯的衰减是不同的。Al-Jasser A O 研究发现，管材对管网中氯的衰减有重要影响，在相同的管道敷设年代条件下，氯的衰减系数：钢管＞塑料管，非涂衬管＞涂衬管。Ginasiyo Mutoti G 等人利用由四种不同管材（旧管，敷设年代达 40 年）单独组成的小型环状管网反应器，研究管材对管道内化合氯衰减的影响，研究发现，管材对总氯的衰减速率影响从大到小依次为：镀锌钢管＞非涂衬铸铁管＞PVC 管＞涂衬铸铁管。

9）三卤甲烷

随着消毒剂的使用，有效地降低了各种水传播疾病的发生。然而在 20 世纪 70 年代发现了氯化消毒副产物三卤甲烷（THMs），继而证实其对人体健康有潜在的威胁，特别是其致突变性、致畸性、致癌性。

三卤甲烷是指甲烷（CH_4）中的三个氢原子，为卤族元素所取代，一般很少存在于自然水体中，但在净水厂加氯、除臭及消毒过程中，水中有机物和氯反应可形成三氯甲烷；此类生成物主要包括 $CHCl_3$（氯仿或三氯甲烷）、$CHBrCl_2$（一溴二氯甲烷）、$CHBr_2Cl$（二溴一氯甲烷）、$CHBr_3$（溴仿）等，此四者统称总三卤甲烷（THMs），其中以氯仿的出现频率及浓度较高。氯仿可使中枢神经系统衰退，并且还会影响肝、肾的功能。氯仿的即时毒性往往是失去知觉，然后可能会随着昏迷而造成死亡。暴露在氯仿 24h～48h 后，肾即受伤害，经过 2d～5d 后可发现肝受损；而因氯仿所造成的昏迷症状，则须经好几天才会复原。鉴于消毒副产物危害人体健康，美国国家环保局（EPA）规定氯仿在饮用水中的污染极限是 10ug/L，德国为 25ug/L，我国原《生活饮用水卫生标准》GB 5749—85 规定生活饮用水中氯仿的最高允许浓度是 60ug/L。

10）浊度

浊度是评价水质清澈或浑浊程度的一项重要指标。浑浊度降低有利于水的消毒，对确保给水安全是必要的。浊度是水质的基本感官性指标，表征水溶液中所含颗粒物对光的散射情况，即水中不同大小、重度、形状的悬浮物、胶体物质、浮游生物和微生物等杂质对光所产生效应的表达参数，但它并不直接表示水样中各种杂质的含量，属于水质的"替代参数"。

浊度与水中存在的悬浮物、胶体等杂质数量密切相关，微生物生长所需的有机物一般吸附于这些悬浮物上，使得细菌、病毒等微生物能进行再生长繁殖，而低浊度能使微生物裸露于水中，加大与消毒剂的接触面，促进消毒剂对微生物的灭杀作用，故《饮用水卫生安全标准》GB 5749—2006 中规定生活饮用水的浊度不大于 1NTU。更有研究表明，将水的浊度降至低于 0.1NTU 时，水中的有机污染物去除率可高达 90%，因此，水的浊度对表征水质优劣及微生物生长速率具有重要意义。

11）微生物指标

（1）细菌总数

细菌总数是 1mL 水样在营养琼脂中，于 37℃培养 24h 后，所长细菌的总数。它是微生物指标的常规检测方法，是反映水质是否受微生物污染的最常见指标，菌落总数增多说明水受到微生物污染，但不能说明其来源。作为饮用水日常检测指标之一的细菌总数，能非常直观地反映水被细菌污染的程度。《生活饮用水卫生标准》GB 5749—2006 中规定细菌总数的限值为 100cfu/mL。作为一个常用的微生物基础指标，细菌总数有很强的指示作用和指标意义，能定量地反映水中异养细菌的数量，且饮用水二次污染的微生物污染研究为本课题研究重点，因此，有必要进行细菌总数的检测。

（2）异养菌数

长期以来，国内多采用传统培养基（37℃，24h）的方法测定细菌总数，但国外研究者多重视异养菌数（HPC）的检测。HPC是采用R_2A培养基，在22℃～28℃下培养7d。给水厂出厂水加氯消毒后进入管网，管道中细菌主要为异养型细菌，部分存活的微生物和管网中生物膜中的微生物会利用管网水中的微量可生物降解有机物进行再生长，进而引起生物稳定性问题。异养菌的生长必须依赖管网水中可生物降解的有机物质，在市政给水管网经消毒处理和贫营养条件下，有机物质的含量被认为是异养菌生长的主要影响因素。由于饮用水的贫营养环境，致使活细菌检测结果偏低甚至检测不出。国外目前多采用R_2A培养基进行平板计数来测定饮水中的活菌数，美国EPA规定HPC限值为500cfu/mL。对二次供水水质进行HPC值检测，可作为反映二次供水系统水质生物安全性的一个重要指标。

3. 二次供水末端水质分析

试验采样过程中发现龙头出水发黄、采集水样出现大量白色气泡、静置后消失等现象。水质发黄可能是管道系统安装后长时间不使用，造成末端水质差，为整个系统埋下安全隐患，存在微生物污染爆发的风险。静置后消失的气泡，考虑可能是春夏季温度升高，微生物更易繁殖生长，水厂为了更好地灭菌，投放更多的消毒剂造成的。我国《城镇给水排水技术规范》GB 50788—2012要求热水系统的供水温度要控制在55℃～60℃，并保证终端出水水温不低于45℃。而实测结果显示，多数热水系统终端出水水温达不到45℃。从本次试验结果中（见表4.2-7）还发现，生活热水中异养菌数平均检测值是生活给水异养菌数平均检测值的1.43倍，生活热水中细菌总数平均检测值是生活给水细菌总数平均检测值的1.3倍。

1）水温分析

表4.2-7　二次供水水质理化指标结果（$n=14$）

项目		生活给水			生活热水		
		平均	最大	最小	平均	最大	最小
物理化学的检测项目	TOC（mg/L）	1.56	3.10	0.90	1.81	6.69	0.91
	DOC（mg/L）	1.48	2.63	0.83	1.62	3.58	0.21
	COD_{Mn}（mg/L）	1.83	3.29	0.97	1.93	4.49	0.24
	UV_{254}（Abs/m）	0.017	0.030	0.010	0.019	0.040	0.000
	pH	8.040	8.476	7.542	8.045	8.586	7.508
	水温（℃）	21.34	25.06	17.90	37.15	47.42	24.44
	电导率（μs/cm）	340	650	260	480	710	330
	游离性余氯（mg/L）	0.168	0.084	0.024	0.131	0.354	0.038
	三卤甲烷（mg/L）	0.013	0.016	0.004	0.015	0.028	0.006
	浊度（NTU）	0.167	0.804	0.017	0.308	2.140	0.023

目前我国生活热水系统和生活饮用水采用相同的水质标准，在很大程度上造成了热水供水的安全隐患。生活热水系统水温升高，钙镁离子易形成 $CaCO_3$、$MgCO_3$ 沉淀，某些耐热致病微生物（如军团菌）易于在系统中生长与繁殖。水传播疾病的爆发绝大多数是由病原体引起的，包括细菌、病毒、原生动物和肠虫等微生物。军团菌是一种以水系统为媒介进行疾病传播的嗜热微生物。如有军团菌滋生存在的热水系统，含军团菌的热水雾化形成气溶胶，被人体吸入肺泡从而导致军团菌病。水温与微生物的繁殖和增长有着十分密切的关系。从国外对热水水质卫生状况的调查研究中可知，加热使水中余氯含量减少或消失，异养菌数增多，细菌总数增多，热水系统中的水质达不到生活饮用的水质标准。

随着生活水平的提高，人们对生活热水系统热水供应的水量、水质、水压的稳定性要求越来越高。本次采样的 4 家医院和 3 家星级酒店宾馆都采用集中供热系统，设置集中加热锅炉或集中太阳能加热系统，设计热水循环系统经过热水供水管路和热水回水管路，保证建筑热水系统的沐浴水对水温的要求。2 家住宅、1 所工厂和 3 所高校所采水样利用城市热网加热热水（夏季）、空气源热泵热水系统或太阳能热水系统，为了节能降低了管网热水水温的情况下，由于管道保温及长度分布不一，很难保证在供水的最远端即热水系统末端出水水温不低于 45℃。

本次试验采样发现，14 个样品中仅有一家高档酒店和一家医院热水系统末端出水高于 45℃，且低于 50℃，分别为 47.42℃ 和 45.32℃。其他 12 个取样点的末端出水水温均低于 45℃，且水温处于 30℃～40℃ 的水样较多。14 个采样点生活热水平均水温是 37.15℃。

37℃ 是微生物的最适生存温度，通过细菌总数和异养菌总数的检测数据也发现，热水系统的微生物指标检测值明显高于生活给水系统，特别是异养菌。

研究表明，水温较低时，细菌处于较低的代谢水平，因此生长速率较低；水温随着外界温度的升高而相应升高，细菌随水温的升高逐渐恢复了代谢能力，生长速率随之增加。这说明温度对管网中细菌的生长有很大影响，温度是管道中细菌再生长的关键影响因素。

水温较低、营养较贫乏的天然水体中，不适合军团菌的生长繁殖。当水温为 31℃～36℃ 之间水中含有丰富有机物时，军团菌可长期存活甚至定植。水温 42℃ 时，军团菌可在热水中繁殖，如继续升高水温则其他细菌受到抑制，而军团菌仍能生存，军团菌能够在 25℃～42℃ 时大量繁殖，存活温度高达 55℃～60℃。本次 14 个采样点中，热水系统管道水温多低于 45℃ 而高于 30℃，这些热水系统已经形成适宜军团菌繁殖扩散的条件。若同时供水管道的管壁和储水设备池壁上存在积垢和生物膜，就会为军团菌大量的增长繁殖提供适宜的环境和营养条件，从而导致生活热水爆发军团菌污染。

综上所述，此次调查大型酒店、医院、高校、住宅小区所代表的建筑集中供水系统，出水水温不达标，存在热水系统水质安全隐患，热水系统不具有生物稳定性，需设置辅助消毒装置，定期消毒维护，以保障热水系统水质安全。

2）有机物检测指标分析

国外近年来研究表明，出厂水中所含有机物是细菌在管网中滋生的必要条件。当有机物含量高时，即使保持很高的余氯量，给水管道中仍可检测出几十种细菌，主要是以有机物为基质的异养菌。

本次试验检测有机物指标为：COD_{Mn}、TOC、DOC、UV_{254}。试验通过对 14 个采样点的生活给水及生活热水进行采样分析，参考《生活饮用水卫生标准》GB 5749—2006 中对 COD_{Mn} 的限值要求（3mg/L）及分析结果可知，14 家生活给水系统中有 2 家 COD_{Mn} 检测值高于 3mg/L，分别为 3.02mg/L 和 3.29mg/L，平均 COD_{Mn} 检测值为 1.829mg/L，小于 3mg/L，不合格率为 28%。14 家生活热水系统中仅 1 家 COD_{Mn} 检测值超出限值，为 4.49mg/L，还有一个采样点的检测值接近 3mg/L，为 2.98mg/L。生活热水 COD_{Mn} 平均检测值为 1.925mg/L，不合格率为 7.14%。

本次检测 14 个采样点中生活给水的 TOC 检测值在 0.904mg/L～3.104mg/L 范围内，热水 TOC 检测值在 0.914mg/L～6.688mg/L 范围内。参考美国饮用水的 TOC 标准（2mg/L）及分析结果可知，生活给水系统中有 2 家 TOC 检测值高于 2mg/L，分别为 2.046mg/L 和 3.104mg/L，平均 TOC 检测值为 1.56mg/L。14 家生活热水系统中仅 1 家 TOC 检测值超出 2mg/L，为 6.688mg/L，严重超标，平均检测值为 1.808mg/L，不合格率为 7.14%。14 个采样点的冷热水 TOC 值基本合格，除了 C 高校 TOC 值高达 6.688mg/L。分析认为是由于 C 高校热水采样点的热水管道长期不使用，管道末端支管水流长期停滞不循环形成死水，对管壁产生腐蚀形成生物膜，产生有机物堆积所致。

1979 年国际供水协会将水源水质按 DOC 值分为 4 类，见表 4.2-8。由表 4.2-8 和试验结果可知，14 家生活给水系统 DOC 检测平均值为 1.480mg/L，小于 1.50mg/L，达到了水源水 1 类水 DOC 的水质条件。14 家生活热水系统 DOC 检测平均值为 1.618mg/L，大于 1.50mg/L，反映出生活热水系统水质为有轻微污染的水质。

表 4.2-8　按 DOC 对水质分类（mg/L）

1 类	2 类	3 类	4 类
＜1.5	2.5～3.5	4.5～6.0	＞8.0
实际无污染	中等污染	严重污染	极度污染

14 个样点的冷热水 UV_{254} 范围在 0.01Abs/m～0.04Abs/m。图 4.2-6 中为 11 个取样点冷热水有机物的平均值分析。

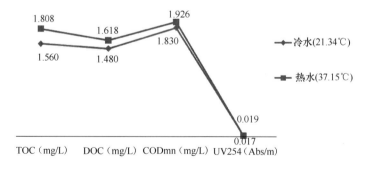

图 4.2-6　冷热水有机物分析

由图 4.2-6 可知，随着水温的升高，热水系统中 TOC、DOC、COD_{Mn}、UV_{254} 这些表征有机物的指标含量都有所增加。水中的有机基质含量是管网细菌再生长的首要限制因子，通过有机物含量可以推测水中微生物再生长的能力。热水有机物含量比生活给水（冷水）高（见图 4.2-6），说明生活给水经过热水系统加热成为生活热水后，有机物含量升高，为微生物大量繁殖提供了条件；此外热水系统中存在的死水区域或长时间不使用的管段易形成生物膜，危及热水系统水质安全。

理论上，TOC 和 COD_Mn 具有一定相关性。国内外一些学者也针对各行业废水和部分地区的地表水进行了研究，得出 TOC（DOC）和 COD_Mn 具有良好相关性的结论。

本次试验发现，生活给水和生活热水的 DOC 与 COD_Mn 有很好的相关性，详见图 4.2-7、图 4.2-8。

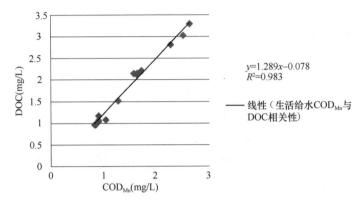

图 4.2-7　生活给水 DOC 与 COD_Mn 的线性关系

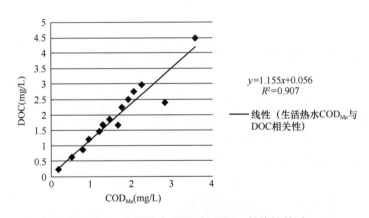

图 4.2-8　生活热水 DOC 与 COD_Mn 的线性关系

得到生活给水的线性回归方程为：$DOC = 1.289COD_{Mn} - 0.078$，$R^2 = 0.983$；生活热水的线性回归方程为：$DOC = 1.155COD_{Mn} + 0.056$，$R^2 = 0.907$。这和以往的研究结果相一致，说明可以根据线性回归方程利用 DOC 估计 COD_{Mn} 是可行的。

前文中提到国内研究者证实了 UV_254 是 TOC、DOC 的替代参数，由于 DOC 和 TOC 之间存在着一定的相关性，在一般水源水质情况下，可以得到 DOC-UV_254 的相关方程。本试验对生活给水和生活热水的 DOC-UV_254 作线性方程，发现两者有很好的相关性，详见图 4.2-9、图 4.2-10。

由图 4.2-9、图 4.2-10 可知，生活给水和生活热水的 DOC 和 UV_254 有很好的相关性，R^2 分别为 0.9693 和 0.7997。可以得出，UV_254 的确可以作为 TOC、DOC 替代参数，与国内研究者结论一致。

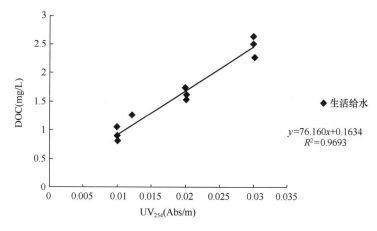

图 4.2-9　生活给水 DOC 与 UV$_{254}$的线性关系

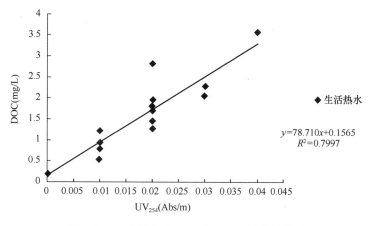

图 4.2-10　生活热水 DOC 与 UV$_{254}$的线性关系

3）微生物检测指标分析

水中存在的细菌总数与水体被污染程度相关，因此我国常采用细菌总数作为评判水污染程度的重要指标之一，即细菌总数越高，水质污染越严重。参考《生活饮用水卫生标准》GB 5749—2006 中对细菌总数的限值要求（100cfu/mL），由表 4.2-9 可以看出，本次检测中细菌总数合格率 100%。菌落总数检测采用了培养温度 37℃、24h 左右的培养方法，所培养的微生物为体温型微生物，忽略了来自水源和环境中的室温型微生物。

由表 4.2-9 看出，本次试验采样点所检测的冷热水细菌总数均低于 100cfu/mL，且多数水样检测值低于 10cfu/mL。常规检测方法（37℃，24h）筛选菌落少，水质符合《生活饮用水卫生标准》GB 5749—2006 的要求。但个别取样点如居民 A，生活给水细菌总数偏高，为 72cfu/mL，考虑由于该住宅小区老旧，小区离水处理厂较远，管道敷设距离长，管道内已存在生物膜，从而导致细菌总数偏高。居民 B、医院 E、高校 C、工厂 A 的水样检测结果显示，生活热水中的细菌总数明显高于生活给水。对 14 个采样点的冷热水细菌总数取平均值，亦发现热水细菌总数略高于生活给水细菌总数。有研究表明，部分氯消毒作用后活力降低的细菌，可以在含氯较低的管网中进行自我修复，重新生长。尤其是含细菌的给水进入热水系统后，温度在一定范围内的升高会导致生化反应活化能降低，细菌生长繁殖速率加快，微生物污染风险增大。

表 4.2-9　二次供水水质细菌总数检测表

采样地点	细菌总数（cfu/mL）	
	生活给水（21.34℃）	生活热水（37.15℃）
居民 A	72	45
居民 B	3	16
高校 A	7	1
高校 B	1	3
医院 A	11	3
医院 B	4	5
医院 C	2	1
医院 D	4	2
宾馆 A	2	1
宾馆 B	4	1
宾馆 C	1	2
医院 E	1	14
高校 C	4	12
工厂 A	3	45
平均值	9	11

R_2A 培养基相对于营养琼脂培养基更能反映管道系统中实际的营养条件，因此 HPC 检测数量要远远高于传统培养基。有实验室对细菌重新生长的研究表明，使用 R_2A 培养基培养 7d 后的结果是常规方法的 100 倍～200 倍。还有研究者发现，由于异养菌能够较多地在从属滋养菌的培养条件下检出，因此出现的菌落数通常会比一般细菌多 10 倍～100 倍，在自来水中有时竟多达 1000 倍。参考美国安全饮用水法案，并没有限定危害健康状况的最低 HPC，但是规定与大肠杆菌相关的异养菌（HPC）水平不能超过 500cfu/mL，较高的 HPC 水平（高于 500cfu/mL）被认为是导致大肠杆菌超标的潜在因素。

世界各国均对异养菌指标制定了相关的规定。欧洲国家要求桶装水中的异养菌数量不得超过 100cfu/mL，细菌总数数量不得超过 20cfu/mL，英国亦如此，而德国则仅要求饮用水中的异养菌数量不得超过 100cfu/mL；加拿大和美国的规范中要求市政供水异养菌的数量低于 500cfu/mL，美国的标准则非强制性；澳大利亚规定消毒后的供水系统中异养菌不得超过 100cfu/mL，未消毒的供水系统中异养菌数量不得超过 500cfu/mL；瑞典和日本都规定异养菌的限值为 100cfu/mL。

结合世界各国对异养菌的限值规定，市政给水限值为 500cfu/mL，饮用水限值为

100cfu/mL，高于100cfu/mL 有产生军团菌的风险。

本次试验检测生活给水中异养菌总数数据显示（表4.2-10），除一家星级酒店异养菌总数为100cfu/mL 外，其余13个采样点的检测值均高于100cfu/mL，且高于500cfu/mL 的采样点检测值有8个。如按照市政给水500cfu/mL 限值要求来看，此次采样14个样点的生活给水异养菌含量合格率仅为42.86%，如按饮用水100cfu/mL 限值要求来看，合格率仅为0.07%，且异养菌数高于1000cfu/mL 的采样点多达5个，从异养菌角度分析，水质较差。

表4.2-10　二次供水水质异养菌检测表

采样地点	异养菌总数（cfu/mL）	
	生活给水（21.34℃）	生活热水（37.15℃）
居民 A	800	1000
居民 B	102	303
高校 A	8000	7000
高校 B	103	209
医院 A	4200	4900
医院 B	2200	2500
医院 C	3700	800
医院 D	2700	1200
宾馆 A	100	2000
宾馆 B	300	2100
宾馆 C	253	3200
医院 E	560	2430
高校 C	163	1240
工厂 A	930	5700
平均值	1722	2470

同时，由表4.2-10可见，此次14个采样点的生活热水异养菌检测值，均高于100cfu/mL，且高于500cfu/mL 的采样点检测值有12个，如按照市政给水500cfu/mL 限值要求来看，此次采样14个样点的生活热水异养菌含量合格率仅为14.29%。异养菌数高于1000cfu/mL 的采样点多达11个，占总样品数的78.57%。

结合生活给水和生活热水的异养菌检测结果来看，生活给水异养菌平均检测值为1722cfu/mL，生活热水异养菌平均检测值为2470cfu/mL，两者均远远超过500cfu/mL，且生活热水的异养菌数明显高于生活给水。更进一步证明，温度升高，且最高温度低于60℃时，生活热水水质明显下降，主要表现为微生物明显增多。生活热水系统爆发微生物污染的可能性明显升高。

《生活饮用水卫生标准》GB 5749—2006 中并未对异养菌数作出规定，而本次试验暴露出生活给水和生活热水中异养菌数高的问题，结合国外各国饮用水对异养菌的限要求，建议在《生活饮用水卫生标准》GB 5749修订时增加异养菌指标，并建议参考国外限值规定二次供水中异养菌限值为100cfu/mL。本次试验28个水样异养菌数平均检测值远远高于 100cfu/mL，为保障二次供水水质安全，需对二次供水系统增设消毒装置。

根据 14 个采样点的冷热水微生物平均指标进行分析，如图 4.2-11 可知，温度升高，细菌总数增多，异养菌总数增多。这和以往研究结果相一致。

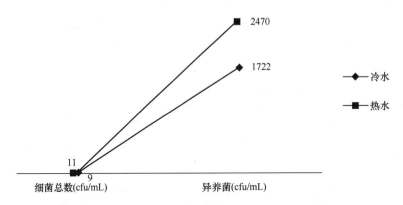

图 4.2-11　生活给水和生活热水微生物平均指标

综合此次试验微生物检测分析可知：（1）常规细菌总数的检测已不能全面准确地反映水质的好坏，而异养菌更适合作为管道贫营养环境下评判建筑给水系统水质的微生物指示指标。（2）根据数据显示可知，生活热水系统水质明显差于生活给水系统水质，主要表现在系统中微生物含量高带来的潜在微生物污染风险。

本次试验采用 ATP 作为二次供水微生物的指示指标。根据 3M™Clean-Trace™NG 检测仪的使用说明，饮用水 ATP 在 100RLU 以下为合格，大于 100RLU 为不合格。如图 4.2-12 所示，在 14 个采样点中，生活给水和生活热水的合格率均为 86%。生活给水中 ATP 大于 100RLU 的 A 高校和 A 医院同时表现为细菌总数和异养菌数高，且其检测值均为 14 个采样点水样中较高的检测值，其中两个异养菌数分别高达 8000mg/L 和 4200mg/L。生活热水中 ATP 超标的 A 高校和 A 工厂也表现出出水浊度高、细菌总数和异养菌总数较高的现象。浊度分别为 2.14NTU、0.094NTU，异养菌数分别为 7000mg/L 和 5700mg/L。

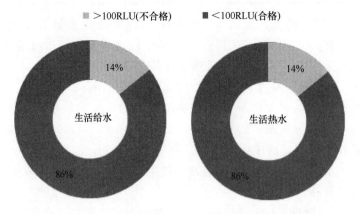

图 4.2-12　生活给水和生活热水微生物平均指标

对于利用 ATP 生物发光法来检测微生物，外国研究者得出最佳反应温度为 25℃，反应的适宜 pH 值为 7.14～7.18。在本次试验中，pH 值在 7.5～8.6 的范围内，生活热水水温均大于 25℃。本课题组曾做过关于 ATP 与异养菌和细菌总数相关性的试验研究，得到了异养菌数值、细菌总数数值和 RLU 值良好的线性关系，而本次试验中异养菌数值、细菌总数数值和 RLU 值并无良好的线性关系。在本次 14 个采样点的 ATP 检测中，出现部分采样点生活热水 ATP 检测值高于生活给水 ATP 检测值，占全部采样点的 71.28%，与实际检测中生活热水与生活给水中 HPC 表现规律相反，分析认为是受到 pH 值和水温的影响。

二次供水中影响 ATP 检测结果的因素较多，如 pH 值、水温、余氯等，因此将 ATP 作为水质指示指标还需深入研究，但是，通过对 ATP 的检测，能在一定程度上反映出水中细菌含量的规律，可对筛选水中细菌是否合格起到指示作用。

4）三卤甲烷指标分析

三卤甲烷属于挥发性消毒副产物，它的产生主要受以下因素的影响：水质本身、加氯量、余氯量、pH 值、温度、季节等有关。本次试验水样均仅检出 $CHCl_3$ 而未检出其他 THMs。

研究表明，NOM 中的腐殖酸和富里酸是 THMs 生成的主要前驱物。黄晓东、王占生的研究表明，水中 NOM 含量增加，可使氯化反应需氯量也相应增加，导致 THMs 生成量随之增加。由表 4.2-7 可以看出，表征有机物的几个指标均为热水比生活给水高，推测热水中三卤甲烷的前驱物比生活给水中含量更多，所以热水中三卤甲烷含量普遍比生活给水中三卤甲烷含量要高。

唐建设等的研究结果表明，氯消毒过程中随着加氯量的增加，THMs 的生成量呈增加趋势。通常情况下高温可以促进化学反应的进行，低温则阻碍化学反应的进行。温度对 THMs 生成速度的影响符合阿累尼乌斯（Arrhenios）公式。GallardH 等研究表明，三卤甲烷产量随温度的升高迅速增加，在 0℃～30℃ 之间温度每增加 10℃，THMs 的反应速率常数增加一倍，但高温又会令 THMs 挥发，使其含量有所下降。图 4.2-13 为不同采样点冷热水三卤甲烷含量对比图，可以看出，三卤甲烷的量随着温度升高而升高。由于本次试验检测的三卤甲烷主要以氯仿形式存在，其他形态检测量为 0，参考《生活饮用水卫生标准》GB 5749—2006 中氯仿限值（0.06mg/L），本次检验的 14 个采样点 28 个冷热水水样的三卤甲烷指标全部合格。

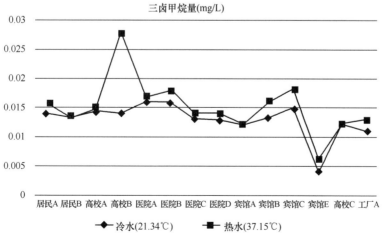

图 4.2-13 二次供水三卤甲烷检测指标规律

相关研究表明，THMs 在中性和碱性条件下的生成量比酸性条件下要高。Mohamed-AE 等的研究发现，当 pH 值从 9 降到 7 时，THMs 产生量减少一半；而当 pH 值＞10 时，$CHCl_3$ 的生成量将呈直线上升。伍海辉等通过对上海黄浦江原水的研究得出，THMs 随季节变化明显，7 月和 8 月 THMs 浓度明显高于其他月份。由于本试验采样时间比较集中，各水样 PH 值相差甚小，所以三卤甲烷含量在一个稳定范围内。

5）其他常规理化指标分析

（1）电导率

在前一章节已经介绍了电导率（EC）与溶解性总固体的关系，根据公式 $TDS(mg/L) = 0.7 \times EC(\mu s/cm)$ 将检测所得电导率换算成 TDS，如表 4.2-11 所示。

表 4.2-11　TDS 换算表（mg/L）

采样点	生活给水		生活热水	
	TDS（mg/L）	EC（μs/cm）	TDS（mg/L）	EC（μs/cm）
居民 A	382.4	267.68	443.4	310.38
居民 B	475.8	333.06	705	493.5
高校 A	270	189	328	229.6
高校 B	338	236.6	350	245
高校 C	646	452.2	694	485.8
医院 A	290	203	410	287
医院 B	278	194.6	420	294
医院 C	400	280	560	392
医院 D	310	217	540	378
医院 E	260	182	404	282.8
宾馆 A	320	224	520	364
宾馆 B	270	189	434	303.8
宾馆 C	260	182	55	385
工厂 A	302	211.4	336	235.2

根据《生活饮用水水质标准》GB 5749—2006 对溶解性总固体的限值要求（1000mg/L），可以看出 14 个采用点的冷热水全部合格。对 14 个采样点的电导率进行分析（图 4.2-14），明显可以看出，生活给水的电导率普遍比热水电导率要低，从而可以推断生活给水比热水中溶解性总固体要少，生活给水水质较热水好，生活给水经过加热器和管道，发生污染，溶解性总固体增多。

日本相关研究表明，在 20℃～60℃，电导率在 $500\mu s/cm$～$1500\mu s/cm$，军团菌更易繁殖生长。本次试验水样电导率均检测值在 $250\mu s/cm$～$700\mu s/cm$，且异养菌在 10^3 水平，因此采样点水样中有滋生军团菌的可能。

（2）浊度

浊度检测结果见表 4.2-12。

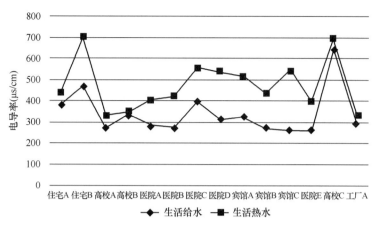

图 4.2-14 二次供水电导率检测指标规律

表 4.2-12 二次供水浊度（NTU）检测结果

采样点	生活给水	生活热水	采样点	生活给水	生活热水
居民 A	0.192	0.181	医院 D	0.018	0.023
居民 B	0.215	0.449	宾馆 A	0.160	0.213
高校 A	0.190	2.14	宾馆 B	0.192	0.187
高校 B	0.213	0.469	宾馆 C	0.804	0.202
医院 A	0.018	0.025	医院 E	0.208	0.213
医院 B	0.030	0.047	高校 C	0.017	0.033
医院 C	0.017	0.033	工厂 A	0.058	0.094

通过上面对有机物的分析，结论是热水中有机物明显比生活给水中有机物含量高。有研究认为，当出厂水中含有一定有机物，细菌将附着在管网管壁生长形成生物膜，引起管壁腐蚀和结垢。生物膜老化脱落会引起用户水质恶化，色度浊度上升。由表 4.2-12 可以看出，热水的浊度普遍比生活给水高。从整个数据可以看出，生活给水浊度完全符合《生活饮用水卫生标准》GB 5749—2006 中指标限值（1NTU）；但就热水浊度而言，高校 A 采样时出现白色气泡，静置后消失，测出浊度较大，分析是水经过加热器水质变差所致。表中数据出现个别生活给水比热水浊度高的情况，主要原因是生活给水管道老化导致。

（3）游离性余氯

《生活饮用水卫生标准》GB 5749—2006 规定：出厂水质要求消毒剂与水接触 30min 后余氯不小于 0.3mg/L，管网末梢余氯不小于 0.05mg/L。本次检测中，给水中游离性余氯的含量基本达到饮用水水质标准，但在医院 D 处，游离性余氯余量低于 0.05mg/L 的限值，分析认为可能是医院 D 建院时间长，市政管道老旧或 pH 值过高导致。居民 B 处取水时出现白色气泡，静置一段时间后气泡消失，这也更好地解释了余氯量偏大的事实。根据以往的研究，制备热水时，自来水经加热设备、管道和回水管后，余氯减少。本次试验中出现个别热水游离性余氯高于生活给水游离性余氯，分析是由于温度较高时会促使氯胺起反应，加快指示剂褪色，导致快速检测仪读数偏高或偏低。

图 4.2-15 为余氯量随着温度增加的变化图，图中呈现温度升高、余氯量降低的趋势。

从图 4.2-16 可以看出，水温升高后，余氯降低，微生物增多。分析认为温度升高导致余氯下降主要有两个原因：（1）温度升高，氯与水中有机物反应加快，氯消耗加速；（2）水温升高后，细菌生长繁殖加快，消耗氯量增多。

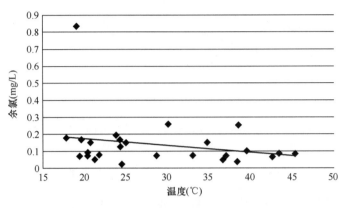

图 4.2-15　余氯趋势曲线

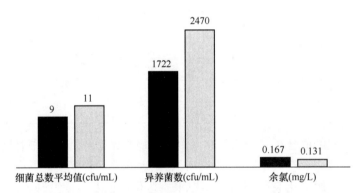

图 4.2-16　冷热水中余氯、微生物对比

（注：图中各检测指标均为平均值）

4.2.2　热水水质调研

2016 年课题组继续对集中生活热水系统的水质进行调研，本次调研对象为湖南、湖北、河南等地主要城市及北京市主城区，针对具有代表性使用功能的大中型建筑物，随机选取建筑内生活热水水质进行检测分析，调查建筑物内集中生活热水系统水质情况，评价集中生活热水系统水质。理化指标合计采样点为 33 个，包括湖南、湖北、河南、北京多地酒店高校办公住宅等建筑，热水平均水温 45.5℃。对全国 33 个采样点的冷水、热水中的钙硬度含量进行检测，其中黄河以南（长沙、武汉、南阳、平顶山、许昌及郑州等地）10 个采样点平均钙硬度为 108.64mg/L。微生物检测采样点 22 栋建筑采集样品 47 个，其中 7 幢建筑的生活热水水样中检出了军团菌阳性样本，占建筑总数的 31.81％；共检出军团菌的阳性水样 11 件，占总样本数（47）的 23.40％。有 5 幢建筑的生活热水水样中非结核分枝杆菌呈阳性，占本次采样建筑总数的 22.72％；共检出阳性样本 7 件，占总样本

数的 14.89%；阳性水样来源于酒店和住宅类建筑。

1. 试验对象

本次试验选择在两种机会致病菌易大量滋生的夏秋季，从北京市东城区、西城区、朝阳区和海淀区随机选取具有代表性的大中型建筑开展生活热水样品的采集，所有建筑均采用集中热水系统供应生活热水，以市政给水和二次供水（部分建筑为高层建筑）为冷水水源进行加热，热水供应方式分为全天供应热水（全天循环）和分时段供应热水（定时循环）两种方式（表 4.2-13）。

为了分析生活热水水质对军团菌、非结核分枝杆菌的影响，对生活热水中有可能影响两种机会致病菌滋生的理化和微生物指标进行检测，同时对同一末端生活给水（以市政给水与二次供水相结合）进行相同水质指标检测，作为辅助对照。

表 4.2-13　采样点分类及生活热水供应方式

建筑类别	宾馆酒店	居民住宅	医院	高校	办公楼	总计
采样点数量（个）	10	4	4	3	1	22
分时段供应热（个）	—	2	—	3	—	5

2. 样品采集

本次采样自 2016 年 8 月起至 11 月 9 日止，从 22 个建筑采样点采集水质样品，较全面地选取了使用集中热水系统的 5 类建筑，包括医院、民用住宅、高校、宾馆酒店和银行办公楼。采样位置为生活热水和生活给水末端（水龙头和淋浴喷头）用水。

参考《生活饮用水卫生标准》GB 5749—2006 及与微生物污染相关的指示指标，检测内容包括：温度、pH 值、电导率、溶解氧、钙硬度、总碱度、余氯、溶解性总固体、耗氧量（COD_{Mn}）、浊度、菌落总数、异养菌、军团菌和非结核分枝杆菌共 14 项指标。样品采集和保存方法的具体操作按《生活用水标准检验方法　水样的采集与保存》GB/T 5750.2—2006 的规定执行。

为了探究军团菌和非结核分枝杆菌在集中热水系统中的分布特点，在采样现场条件允许的情况下，尽量选取各个供水分区的水样以及相邻房间、相隔房间水样，见表 4.2-14。

表 4.2-14　采样点楼层及采样时间分布

采样点		采样楼层	采样时间
住宅	1	7	2016-08-01
	2	13	2016-08-01
	3	8	2016-10-17
	4	13	2016-10-17
医院	1	2	2016-08-02
	2	8	2016-08-02
	3	6	2016-08-05
	4	4	2016-10-17

续表 4.2-14

采样点		采样楼层	采样时间
宾馆酒店	1	机房热力站	2016-08-08
	2	7/16/17/20/22	2016-08-17
	3	10	2016-08-29
	4	1/18	2016-09-07
	5	9/10/11	2016-09-07
	6	2	2016-09-19
	7	3	2016-09-19
	8	3/5/8	2016-08-01
	9	6/9/15	2016-08-01
	10	6/9/14/19	2016-11-09
办公楼	1	-2	2016-08-05
高校	1	公共淋浴室	2016-08-03
	2	公共淋浴室	2016-08-04
	3	公共淋浴室	2016-08-04

3. 实验条件及实验方法

本次实验采取现场快速检测分析与实验室检测分析相结合的方式。为了保证水质检测结果的可靠性，本次试验理化及无致病性的微生物的检测在北京工业大学、中国建筑设计研究院有限公司及具有认证资质的第三方检测同时进行，实验结果相互验证。

因军团菌和非结核分枝杆菌属于生物危险等级较高的致病微生物，实验需在微生物安全实验室完成。本次非结核分枝杆菌、军团菌及异养菌试验在某疾病预防控制中心生物安全实验室完成，具有高危致病性的非结核分枝杆菌试验在三级生物安全实验室进行，军团菌试验在二级生物安全实验室进行。

4. 检测方法

本次检测理化微生物指标检测方法如表 4.2-15 所示。

表 4.2-15　检测方法及检测项目

检测方法	检测指标
实验室检测	pH 值、溶解性总固体、耗氧量（COD_{Mn}）、浊度、菌落总数、异养菌（仅热水）、军团菌（仅热水）、非结核分枝杆菌（仅热水）、溶解氧和余氯
现场快速检测	温度、余氯、溶解氧、电导率、钙硬度、总碱度、军团菌（仅热水）

5. 微生物检测样本的采集和预处理

每个广口采样瓶在使用前加入 0.5mL 的 $Na_2S_2O_3$（$c=0.1mol/L$）溶液，放于 121℃高压蒸汽锅中 15min 灭菌待用。

淋浴水采样点设置在浴室淋浴喷头处，水龙头采样点设置于洗手盆水龙头处。水样采集前先对淋浴喷头和水龙头进行消毒，采样前放水 2min 后再开始采集。采样过程中禁止用水样涮洗已灭菌的采样装置，以防止手指及其他物品对采样瓶口的沾污。

每个采样点以无菌操作取水样 500mL（用于检测非结核分枝杆菌的水样取 100mL）。

为减小细菌数量的变化对结果的影响，水样采集后尽快进行分析。水样采集与进行分析的最大时间间隔不应高于 8h（转移时间≤6h，检测时间 2h）。如果取样 8h 内无法进行检测，需将水样置于 4℃环境冷藏，采样和分析时间间隔不能超过 24h。

采样后水样应立即贴好标签，每件水样皆应标明详细的采样信息（如名称、来源、数量、采集地点、采样人及采样时间）。样品应尽快送实验室。为防止在运输过程中样品的损失或污染，存放样品的器具应密封。在样品运送过程中应注意防止磕碰，小心运送。

6. 检测步骤

1）微生物指标

微生物检测的仪器设备和检测方法如表 4.2-16 所示。

表 4.2-16 微生物检测主要仪器设备

检测项	主要仪器和设备	检测方法
菌落总数	LRH-250A 生化培养箱、高压蒸汽灭菌器、ϕ90mm 平皿、灭菌试管、刻度吸管、（塑料材质，具塞，容积 500mL）	《生活饮用水标准检验方法 微生物指标》GB/T 5750.12—2006
异养菌	恒温培养箱（28℃）、振荡器、广口采样瓶（塑料材质，具塞，容积 500mL）	HPC 法
军团菌	CO_2 培养（35℃～37℃）、滤膜过滤器、滤膜（孔径 0.22μm～0.45μm）、滤杯（高压灭菌）、真空泵、离心机、涡旋振荡器、普通光学显微镜、荧光显微镜、水浴箱、广口采样瓶（塑料材质，具塞，容积 500mL）等	《公共场所集中空调通风系统卫生规范》WS 394—2012
非结核分枝杆菌	恒温培养箱（35℃～37℃）、滤膜过滤器、滤膜（孔径 0.45μm）、滤杯（已高压灭菌）、真空泵、离心机、振荡器、显微镜、广口采样瓶（塑料材质，具塞，容积 500mL）等	抗酸染色法

2）理化指标

理化指标主要检测项仪器及检测方法如表 4.2-17 所示。

表 4.2-17 理化指标检测设备及检测方法

检测项	主要仪器	检测方法
温度	TM920C 温度测试仪	—
游离余氯	Palintest pooltest 6 多功能快速检测设备	PDP 法
钙硬度	Palintest pooltest 6 多功能快速检测设备	指示剂法
总碱度检测	Palintest pooltest 6 多功能快速检测设备	指示剂法
溶解氧	Palintest Micro 600	
电导率	SHKY DDP-210 型电导率仪	《生活饮用水标准检验方法 感官性状和物理指标》GB/T 5750.4—2006
pH 值	PHSJ-4F 型实验室 pH 计	《生活饮用水标准检验方法 感官性状和物理指标》GB/T 5750.4—2006

检测项	主要仪器	检测方法
溶解性总固体	BSM224 电子天平、101-1A 型电热鼓风干燥箱	《生活饮用水标准检验方法 感官性状和物理指标》GB/T 5750.4—2006
浑浊度	WGZ 浊度计	《生活饮用水标准检验方法 感官性状和物理指标》GB/T 5750.4—2006
耗氧量	50mL 滴定管	《生活饮用水标准检验方法 有机物综合指标》GB/T 5750.7—2006

4.2.3 生活热水水质调研结果分析

检测发现，本次采样的建筑中，生活热水中存在军团菌和非结核分枝杆菌污染现象。采用集中热水系统的建筑，配水点较多，且多数不是独栋建筑，热水系统相对复杂，冷水经加热设备统一加热，经由热水管网输送至末端配水点，当管网较长、热水循环效果不佳时，热损失较大导致用水末端水温偏低，系统中易形成滞水区、死水区，有利于军团菌和非结核分枝杆菌生长繁殖并形成生物膜。

1. 军团菌和非结核分枝杆菌污染情况分析

1）军团菌的污染情况

经检测，7 栋建筑的生活热水水样中检出了军团菌阳性样本，占建筑总数的 31.82%；共检出军团菌的阳性水样 11 件，占总样本数（47）的 23.4%。检出的嗜肺军团菌血清型为分别为 LP1 型和 LP2-14 型，其中 LP2-14 型占阳性样本总数的 63.64%，最易导致疾病的 LP1 型占阳性样本总数的 36.36%。

阳性样本出现的建筑场所类别为宾馆酒店类和住宅类，宾馆酒店类军团菌污染严重，检测的 10 家宾馆酒店中，6 家生活热水水样中出现军团菌阳性样本，占宾馆酒店类建筑的 60%；4 家小区住宅中，1 家水样呈阳性，占住宅类建筑的 25%（表 4.2-18）。

表 4.2-18 生活热水中军团菌的污染情况

场所类型	采集样本总件数（件）	阳性样本个数（件）	检出楼层	军团菌类型	检出率
住宅 3	1	1	8	LP1	100%
宾馆 1	1	1	机房热力站	LP2-14	100%
宾馆 2	6	1	22	LP2-14	16.67%
宾馆 3	1	1	10	LP2-14	100%
宾馆 5	4	3	9/10/11	LP1、LP2-14	75%
宾馆 8	6	2	3/8	LP2-14	33.33%
宾馆 10	4	2	14/19	LP1	50%
合计	23	11	—	—	—

注：表内为军团菌实验室检测结果。

住宅 3、宾馆 1、宾馆 3，阳性样本数和样本总数均为 1 件，血清型分别为 LP1 型、LP2-14 型、LP2-14 型，检出率均为 100％；宾馆 2 阳性样本 1 件，血清型为 LP2-14 型，占宾馆 2 样本总数的 16.67％；宾馆 5 检出阳性样本 3 件，血清型为 LP1 型、LP2-14 型（两件），占宾馆 3 样本总数的 75％；宾馆 8 阳性样本 2 件，血清型均为 LP2-14 型，占宾馆 8 样本总数的 33.33％；宾馆 10 阳性样本 2 件，血清型均为 LP1 型，占宾馆 10 样本总数的 50％。

军团菌阳性水样分析。综合分析各个建筑检出的军团菌阳性水样发现，军团菌在同一建筑内多个采样点同时存在的情况较多，个别酒店多个采样点中只有一个样本呈军团菌阳性。酒店 1 是一所位于核心商业区的五星级酒店，在该酒店对 6 个不同房间（包括同一楼层相隔房间和不同楼层、不同房间）采集水样，有 1 个房间的热水水样中检测出军团菌；另外，该酒店的其他微生物指标也并不理想，细菌总数 2300cfu/mL，余氯≤0.01mg/L，调研组认为这一采样点可能长期无人使用，导致管段内死水水质恶化，管道中余氯消失，水温降低，存在致人感染军团菌病的风险。

在酒店 3，对 4 个房间（其中包含一组相邻房间）采样，但 3 件阳性样本均在不同楼层不同房间检出，细菌总数 820cfu/mL，细菌总数远超出《生活饮用水卫生标准》GB 5749—2006 的规定。酒店 5 的 6 个采样点，选取 3 个楼层每层 2 个相隔房间（如 822 和 824）采样，相隔房间未同时检出军团菌，在 2 个不同楼层各检出 1 处水样呈阳性。其中酒店 3 的生活热水阳性率较高，采样的三个楼层均有房间出现军团菌阳性样本，且 LP1 型、LP2-14 型均有，军团菌普遍分布于此建筑的生活热水中，需及时对系统进行清洗消毒，并采用相应安全技术措施保障用水安全，以防军团菌病暴发。

在对住宅 3 进行采样时，通过住户反映得知，住宅 3 所在小区采用定时循环方式供应热水，每天下午开始供应热水，且全年热水供应温度普遍低于 35℃，本次对住宅 3 的淋浴和水龙头采样时，放水 10min 后水温仍然较低。热水采用定时循环方式供应，水流停滞时间较长，导致水温降低、水中余氯减少，末端水温处于军团菌等微生物生长繁殖的舒适区间，有利于微生物大量繁殖并附着在管壁上形成生物膜，且易于军团菌等管道机会致病菌在该系统内定植生长。由此可知，住宅 3 淋浴水中存在军团菌污染，热水供应方式和热水循环效果较差导致了水流停滞、水温较低，是引起军团菌滋生的主要原因。

2）非结核分枝杆菌污染情况

经试验检测得出，共有 5 栋建筑中的生活热水水样中非结核分枝杆菌呈阳性，占本次采样建筑总数的 22.73％；共检出阳性样本 7 件，占总样本数的 14.89％；阳性水样来源于宾馆酒店类建筑和住宅类建筑。

采样的 10 家宾馆酒店中（表 4.2-19），有 4 家（宾馆 3，宾馆 4，宾馆 6，宾馆 8）生活热水水样中出现非结核分枝杆菌阳性样本，占宾馆酒店类建筑的 40％；采样的 4 家小区住宅中，1 家（住宅 3）水样呈阳性，占住宅类建筑的 25％。出现阳性样本的建筑中，住宅 3、宾馆 3 和宾馆 6，阳性样本数和样本总数均为 1 件，检出率为 100％；宾馆 4 阳性样本 3 件，占宾馆 4 样本总数的 75％；宾馆 8 阳性样本 1 件，占宾馆 8 样本总数的 16.67％。

表 4.2-19 生活热水中非结核分枝杆菌的污染情况

场所类型	采集样本总件数（件）	阳性样本个数（件）	检出楼层	非结核分枝杆菌（cfu/L）	检出率
住宅 3	1	1	8	8	100%
宾馆 3	1	1	10	1	100%
宾馆 4	4	3	1/18	1，12，18	75%
宾馆 6	1	1	2	26	100%
宾馆 8	6	1	3	多不可计	16.67%
合计	13	7	—	—	—

综合各建筑非结核分枝杆菌阳性水样的楼层房间分布发现，酒店 4 中，同一楼层不相邻两房间、不同楼层的不对应房间的水样均有呈阳性的样本，4 个采样点中 3 个为阳性，说明该酒店集中热水系统已被非结核分枝杆菌定植，存在爆发感染非结核分枝杆菌的风险。在酒店 4 进行取样时发现，此阳性点热水出水水流很小，水流流速较慢，出水较长时间后才能达到一定的热水温度。水流小、流速低有利于非结核分枝杆菌等微生物附着在管壁上形成生物膜；放水较长时间后才能达到热水温度，说明支管末端水温较低，给非结核分枝杆菌滋生提供了适宜的温度条件。此阳性点末端余氯检测值为 0.08mg/L，该数值是本次调研中较高的余氯含量。同时该采样点异养菌 51cfu/mL，菌落总数未检出、军团菌未检出。结合非结核分枝杆菌具有抗氯性，用水末端存在的消毒剂，可以有效地起到微生物抑制作用。因此，虽然酒店 3 末端支管及末端用水点的水温较低、水流停滞造成了非结核分枝杆菌大量滋生，但是由于末端余氯含量较高，使得其他微生物受到了抑制。这说明有效消毒剂的存在可以保障集中热水系统出水的水质安全。

在酒店 8 的 6 个采样房间中，仅 1 处阳性水样，且非结核分枝杆菌数多不可计，其他 5 处（包括同一楼层不同房间和不同楼层不同房间）检测均呈阴性，说明该酒店集中热水系统未被大面积污染，抽检样品与酒店入住率和淋浴使用率有关。当生活热水末端淋浴使用率较低时，末端水温降低，水流停滞，易在淋浴喷头内滋生大量包括非结核分枝杆菌在内的微生物，同时形成生物膜。

在住宅场所中，仅住宅 3 样本呈阳性，但值得注意的是住宅 3 同时也检测出了军团菌，此处采样点热水水质差，生活热水末端出水水温 32℃，末端余氯含量 0.028mg/L，菌落总数高达 700cfu/mL，异养菌数多不可计，军团菌 8cfu/mL，分枝杆菌 10cfu/mL，所有微生物指标均不符合《生活饮用水卫生标准》GB 5749—2006 的规定，说明此处建筑生活热水水质差，微生物污染程度严重，存在较高的感染风险。特别是此处建筑的热水温度，是造成两种致病菌同时滋生的重要原因，35℃处于很多微生物最适宜生长温度区间内，给微生物生长繁殖提供了温床，虽然有消毒剂存在，但综合水温等因素，水中微生物不能被有效抑制。由此可见，通过控制水温，设计优良的循环系统，并配合现行有效的消毒措施等综合手段，才能可靠保障生活热水水质的使用安全。

2. 其他指标分析

1）水温

如图 4.2-17 可知，各采样点生活给水水温浮动不大，处于 19℃～30.5℃，平均温度 25℃。而各采样点生活热水水温差异较大，水温在 32℃～61℃，平均温度 45.4℃。根据《城镇给水排水技术规范》GB 50788—2012 关于"生活热水系统供水温度应保持在 55℃～60℃范围内，终端出水水温不应低于 45℃"的规定，过高的水温易导致烫伤伤害，特别是住宅建筑中（住户中包括老年人和儿童），本次生活热水末端出水水温合格率为 54.55%。

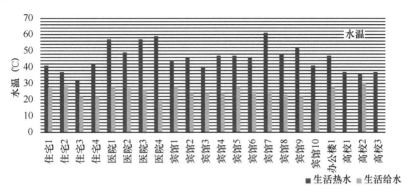

图 4.2-17　生活热水与生活给水的水温对比

医院类建筑因使用功能特殊，健康人群与疾病患者共同使用公共设施，是容易引起交叉感染的高危场所，因此生活热水水温设置较高，末端平均温度为 55.5℃，检测的 4 家医院的末端出水温度均高于 49℃。高校一般是刷卡计费热水，通常采用混水阀混水后单管供水，导致水温较低，平均温度 36.7℃。住宅、办公楼和宾馆酒店类建筑介于以上两者之间，出于舒适性和防烫伤考虑，大多数建筑的末端出水水温在 40℃左右，本次检测平均温度分别为 38℃、47℃和 47.2℃。

当水温处于军团菌和非结核分枝杆菌的适宜生长温度区间时，会加快这两种机会致病菌的生长繁殖。有研究表明，在一般情况下，适合微生物体内各种类型酶活力的最适温度区间为 30℃～60℃，在此区间范围内，温度每增高 10℃，酶催化的化学反应速率能上升 1～2 倍。军团菌和非结核分枝杆菌是耐热型微生物，国外已有研究指出，军团菌的最适宜生长温度区间在 30℃～37℃之间；非结核分枝杆菌相对耐高温，最常见且致病率较高的 MAC（鸟分枝杆菌复合体）适宜生长温度区间在 15℃～45℃。从本次生活热水水温检测结果来看，除了医院类建筑水温稍高（≥49℃），其他建筑的生活热水平均水温（36.7℃～47℃）有利于军团菌和非结核分枝杆菌繁殖生长。

2）余氯

对比生活热水与生活给水检测结果可知（图 4.2-18），在仪器可检出数值的水样中，所有采样点生活给水中的余氯含量均高于生活热水，生活给水中末端余氯含量最高为 0.32mg/L，生活热水余氯含量最高为 0.21mg/L。温度升高导致水中余氯含量降低，生活热水中余氯的含量明显低于生活给水。本次检测结果中，出现余氯含量低于仪器检测限的情况（<0.01mg/L），已无法起到有效的消毒效果。《生活饮用水卫生标准》GB

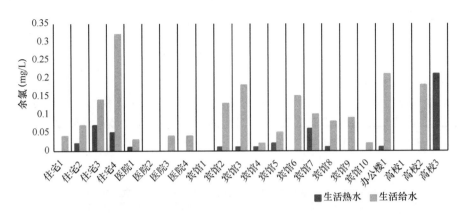

图 4.2-18　生活热水与生活给水的余氯含量对比

5749—2006 规定：当水厂采用氯气及游离氯试剂（游离氯）作为消毒剂时，管网末梢水中余氯量不应小于 0.05mg/L。对照该标准，本次采样的 20 个自来水样品中余氯达标的有 12 家，合格率为 60%；生活热水满足要求的仅有 4 家，合格率仅为 18.18%。

从建筑类别来看，宾馆酒店类、住宅小区及办公楼类建筑生活给水与生活热水间余氯差异较大，这三类建筑热水需求量相对较高，热水供应管道系统复杂，需要同时供给几个建筑或多个子系统（本次采样的部分宾馆有南北配楼）热水，在温度升高的同时余氯衰减加快，余氯消耗量较多，最终导致生活热水末端余氯含量较低。而医院类建筑热水水温较高，也是导致水中余氯下降的原因之一。温度升高使热水中的余氯降低，无法保证余氯的有效消毒效果。

水中余氯是保证建筑管道中水质安全的重要屏障，生活热水中的余氯含量过低，有利于军团菌和非结核分枝杆菌的滋生。国外研究表明，军团菌和非结核分枝杆菌是耐氯型微生物，相比大肠杆菌的 CT99.99%（C 氯投加浓度、T 暴露持续时间，杀灭 99.9% 的细菌），适应在水中生长的军团菌数是大肠杆菌的 1050 倍，鸟分枝杆菌数是大肠杆菌的 2000 倍，而生活热水总余氯含量过低（0～0.32mg/L），是使得生活热水中军团菌和非结核分枝杆菌滋生繁殖的重要原因之一。

3）溶解氧

空气中分子态的氧溶解在水中被称为溶解氧（DO）。溶解氧是水中重要的氧化剂，是衡量水体污染程度的重要指标，水中溶解氧含量不仅会影响建筑管道的腐蚀速度，也与管道中好氧微生物滋生密切相关。

由本次试验结果可知（图 4.2-19），生活热水中溶解氧含量均低于生活给水。生活给水溶解氧含量在 5.35mg/L～10.16mg/L 范围内，平均浓度 6.95mg/L；生活热水溶解氧含量在 3.56mg/L～6.80mg/L 范围内，平均浓度值为 5.22mg/L。这是因为在相同大气压条件下，随着水温的升高，水中溶解的氧气释放在空气中，造成氧的溶解度降低。

对比各类建筑，溶解氧含量区别不大，因医院类建筑（平均温度 55℃）和宾馆酒店类建筑（平均温度 47.2℃）的生活热水水温较高，导致水中的溶解氧含量比其他类别建筑稍低。

生活热水中溶解氧含量对军团菌和非结核分枝杆菌滋生有较大影响。军团菌和非结核分枝杆菌是微需氧型致病微生物，当水中溶解氧含量较低时反而有利于生长繁殖。非结核

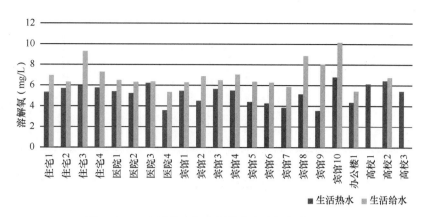

图 4.2-19　生活热水与生活给的水溶解氧含量对比

分枝杆菌在 12％甚至是 6％的含氧量下仍可生长良好，而水中溶解氧含量较高时反而会出现生长抑制。此外，生活热水中溶解氧含量降低，不利于其他好氧微生物生长繁殖。

4）浊度

本次试验中，生活给水与生活热水的浊度均处于较低水平（图 4.2-20），除了住宅 2（生活给水 0.58NTU，生活热水 0.51NTU）和高校 2 的生活热水（0.57NTU）以外，其他采样点的浊度均＜0.5NTU。《生活饮用水卫生标准》GB 5749—2006 对浊度的规定限值为 1NTU，本次试验中的 22 个采样点的生活热水、生活给水浊度全部符合标准。

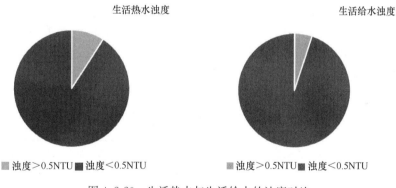

图 4.2-20　生活热水与生活给水的浊度对比

我国现行水质标准中，浊度被列为感官指标。浊度较高的水感官上会使用水者难以接受，直接影响使用体验。同时，浊度对微生物的滋生有一定影响，美国 EPA《国家饮用水水质标准》已将浊度作为一项法定指标列入微生物指标中，主要用于控制微生物风险。

因军团菌和非结核分枝杆菌易附着在水中的胶体和悬浮颗粒物表面生长，同时也会对消毒作用产生一定的干扰，降低浊度可减少水中两种致病菌的数量。

（1）电导率（EC）

电导率是水质检测的常规检测指标，可衡量水体的导电性，能反映水质的纯净程度，水质越纯净，电导率越低。

本次检测生活热水的电导率略高于生活给水（图 4.2-21）。生活热水的电导率在 0.18ms/cm～0.54ms/cm 之间，平均值 0.34ms/cm；生活给水的电导率在 0.18ms/cm～

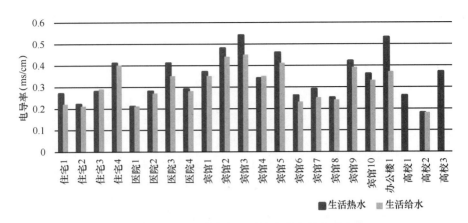

图 4.2-21 生活热水与生活给水的电导率对比

0.45ms/cm 之间，平均值为 0.31ms/cm，生活热水的导电性高，表明生活热水中矿物质和杂质高于生活给水。

本次检测的建筑中，除办公楼之外（0.53ms/cm），宾馆酒店类建筑电导率最高，平均值分别为 0.38ms/cm，其他建筑的电导率均低于 0.3ms/cm。办公楼和宾馆酒店建筑中生活热水中杂质较多，通过对比同组生活给水电导率可发现，这与加热使用的生活给水电导率有关。

（2）溶解性总固体（TDS）

溶解性总固体是溶解于水中的固体总量，包括水中的无机盐和部分可溶解的有机物，水中溶解物质越多 TDS 的值越大。溶解性总固体含量主要和水对管道的腐蚀性有关。

本次检测的生活热水中溶解性总固体含量在 122mg/L～409mg/L，平均值为 233mg/L；相比之下生活给水中含量稍低，在 120mg/L～365mg/L，平均值为 221mg/L（图 4.2-22）。《生活饮用水卫生标准》GB 5749—2006 规定溶解性总固体的限值为 1000mg/L，本次检测中，生活给水和生活热水溶解性总固体均符合此标准，合格率 100%。

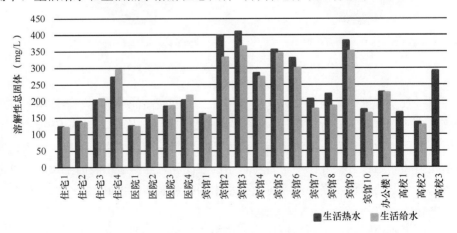

图 4.2-22 生活热水与生活给水的溶解性总固体对比

从本次检测的建筑中，宾馆酒店类生活热水中的 TDS 含量最高，平均值为 291.3mg/L,医院类建筑 TDS 含量最低，平均值为 166.75mg/L，住宅、办公楼和高校的

TDS 分别为 183.5mg/L、226mg/L、196mg/L。相比之下，宾馆酒店类建筑加热设备和管道中产生水垢的几率更高。

水中溶解性总固体含量较高容易导致管道和加热设备结垢，不仅影响管道的使用寿命，而且使热损耗增加，管道截面积变小，增加了水流阻力，影响循环效果，同时易使微生物附着在管道上形成生物膜，因此应尽量降低水中的溶解性总固体含量。

水的电导率和水中溶解性总固体是体现水纯度的相关指标，影响这两个指标的因素较多，无法通过这两项指标直观地反映或分析生活热水中是否存在军团菌和非结核分枝杆菌，但两项指标仍通过影响水质和管道环境间接对两种机会致病菌产生影响，水质越纯净越不利于微生物的生长繁殖，因此应尽量降低生活热水的电导率和溶解性总固体含量。

5）有机物

COD_{Mn} 是体现水中有机物含量的指标之一，水中的有机物含量过高不但会与氯化消毒物反应产生对人体有害的消毒副产物，而且有机物是异养微生物生长的必要因素，本次试验选择 COD_{Mn} 作为有机物的衡量指标。

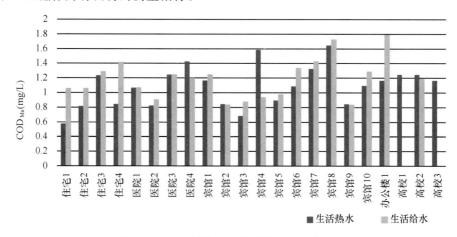

图 4.2-23　生活热水与生活给水耗氧量对比

本次采样试验结果显示（图 4.2-23），生活给水中 COD_{Mn} 处于 1.78mg/L～0.83mg/L，平均值为 1.18mg/L；生活热水中的 COD_{Mn} 普遍相对较低，处于 1.64mg/L～0.57mg/L 之间，平均值为 1.09mg/L；生活给水平均值比生活热水高 0.09mg/L，两者 COD_{Mn} 含量差异不大。有 4 处热水的 COD_{Mn} 值高于生活给水，除宾馆 4 差值（0.35mg/L）相对较高外，其他三处差值均在 0.3mg/L 以内。《生活饮用水卫生标准》GB 5749—2006 规定 COD_{Mn} 的限值为 3mg/L，本次检测的 COD_{Mn} 合格率为 100％。

生活热水中 COD_{Mn} 浓度较低，是因为在温度升高时，水中的余氯与有机物反应导致 COD_{Mn} 降低，也是导致生活热水中余氯含量较少的原因之一。

军团菌和非结核分枝杆菌能够在有机物含量较低的水中生长繁殖，因此生活热水中有机物含量的降低，对两种机会致病菌的生长影响较小。

6）pH 值

本次检测得出的 pH 值结果中（图 4.2-24），生活热水 pH 值平均值为 7.53，pH 范围在 7～8 之间；生活给水 pH 值平均值 7.41，pH 值范围在 6.83～7.75 之间，两种水质

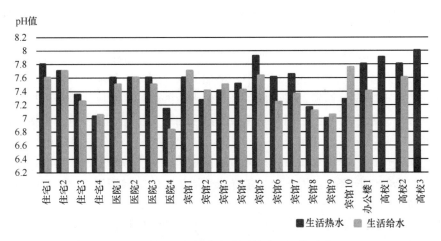

图 4.2-24　生活热水与生活给水 pH 值对比

条件下 pH 值相差不大。本次检测结果均符合《生活饮用水卫生标准》GB 5749—2006 的要求，合格率为 100%。

　　7）钙硬度

　　通过数据对比可发现，生活热水和生活给水钙硬度相差不大，钙硬度总体偏高（图 4.2-25）。部分水样的硬度超出了仪器的检测限（＞500mg/L，以 500mg/L 计），北京市水质硬度较大，部分建筑对生活热水进行水质软化（医院 1、宾馆 5 和办公楼 1）后，钙硬度明显降低。

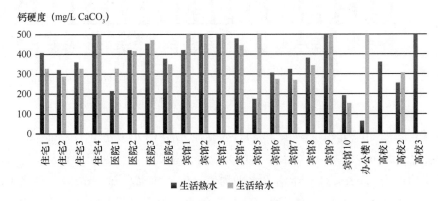

图 4.2-25　生活热水与生活给水钙硬度对比

　　8）菌落总数和异养菌数

　　（1）菌落总数

　　菌落总数是水中各种微生物含量的替代性指标，从一定程度上体现了水中微生物污染情况。本次检测结果显示（图 4.2-26），生活给水和生活热水均未检出菌落数的建筑有 9 处，生活给水中成对检出的场所 7 处，仅生活给水检出的场所 2 处，仅生活热水检出的场所 3 处。

　　对比检测数据发现，多数建筑中两种水质菌落总数对比差异不大，在住宅 3、宾馆 2 和宾馆 3 的生活给水中未检出菌落数，而在生活热水中检测值分别为 700cfu/mL、

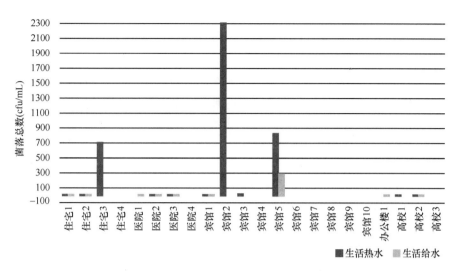

图 4.2-26　生活热水与生活给水中菌落总数对比

2300cfu/mL 和 13cfu/mL，宾馆 5 的生活热水的菌落总数相比生活给水增加了 540cfu/mL，出现菌落总数超标的现象。这种大幅度的增长说明在这些建筑热水系统中微生物滋生情况严重，水质环境较差。

《生活饮用水卫生标准》GB 5749—2006 微生物指标中，对菌落总数的限值为 100cfu/mL，本次检测的 22 个生活热水水样中检出率为 50%，检出范围 1cfu/mL～2300cfu/mL，合格率为 86.36%；生活给水中检出率为 45%，检出范围为 1cfu/mL～280cfu/mL，合格率为 95%。

（2）异养菌数

我国水质标准中没有将异养菌数列入判断水质微生物安全的指标中，异养菌是一类需要从外界获取能量维持生长的菌类的总称，但不是所有的异养菌都会导致疾病。军团菌和非结核分枝杆菌是异养型微生物，本次试验检测了生活热水中异养菌的含量情况，并未发现异养菌与军团菌及分枝杆菌之间存在明显规律（图 4.2-27）。

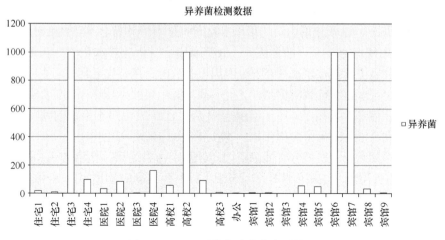

图 4.2-27　生活热水异养菌检测结果

3. 本次调研小结

调研结果显示，生活热水中有四个采样点（18%）异养菌平板计数超过 500cfu/mL，且均多不可计。1 处未检出样本，其他样本异养菌数均在 1cfu/mL～252cfu/mL 之间。

本次调研采用现场快速检测与实验室检测双向进行、实验结果相互验证的试验方法，对生活热水中的军团菌和非结核分枝杆菌进行研究。试验围绕生活热水中军团菌和非结核分枝杆菌以及异养菌的污染情况检测，同时检测了生活热水、生活给水中温度、余氯、溶解氧、浊度等 14 项理化、微生物水质指标。

（1）试验对 5 类场所、22 个采样点、47 件热水水样进行军团菌和非结核分枝杆菌的检测，两种机会致病菌检出阳性样本的场所类别为宾馆酒店类和住宅类，且在同一建筑内分布无规律。军团菌的阳性样本 11 件，占总房间样本数（47）的 23.4%；非结核分枝杆菌的阳性样本 7 件，占总样本数的 14.89%，同时检出两种机会致病菌的建筑 3 处，占建筑总数的 13.64%，生活热水中军团菌和非结核分枝杆菌污染情况严重。

（2）军团菌快速检测结果与实验室传统培养检测得出结果差异较大，快速检测设备约束条件较多，受环境影响较大，故快检技术仅作为军团菌水质污染趋势分析的参考检测项，而重点参考实验室检测数据。

（3）相比生活给水，生活热水的水温升高、余氯含量降低、溶解氧含量降低、电导率升高、溶解性总固体含量增高、COD_{Mn} 降低均有利于军团菌和非结核分枝杆菌的生长繁殖。本次检测的生活热水水质理化指标和微生物指标合格率均低于生活给水。

（4）生活热水中的理化风险指标如水温、余氯和溶解氧的值域为军团菌和非结核分枝杆菌提供了接近理想的生存环境，故水温、余氯及溶解氧含量是生活热水中军团菌和非结核分枝杆菌滋生的关键水质指标，同时改善并控制这些指标有利于减少生活热水中两种致病微生物污染问题。

（5）本次调研发现，医院类建筑出水水温基本高于 50℃，这是一个值得欣慰的现象，另外在医院热水系统中只有快速检测军团菌阳性一例，实验室并未检出。笔者分析，军团菌快速检出的一例阳性，可能是存在于取水点口部，由于医院场所的特殊性，病菌来源并非水源，因此实验室水样中并未检测的军团菌阳性。

住宅集中热水供应系统出水水温基本不高于 45℃，不符合我国现行《城镇给水排水技术规范》GB 50788—2012 规定的生活热水出水温度 45℃，亦不符合本《生活热水水质标准》CJ/T 521—2018 中规定的 46℃，结合住宅一般都采用定时供应热水系统、末端消毒剂含量低等因素，使得住宅生活热水用水存在安全隐患。有利的一点是住宅集中用水频率高，因此部分采样点并未出现管道机会致病菌阳性。但一些老旧小区的生活热水水质仍需多加关注。

酒店类建筑水温基本都高于 46℃，但由于酒店类建筑集中热水系统的使用特点，导致个别不常用水房间易滋生致病菌等微生物，本次检测的 10 家酒店中，有 7 家均出现了水质问题，检测出的军团菌、非结核分枝杆菌阳性率较高，污染严重。检测的 10 家酒店中 4 家检出军团菌，4 家检测出非结核分枝杆菌。出现了同一建筑同时检出军团菌和非结核分枝杆菌的情况，包括：住宅 2、酒店 2 和酒店 7，可见该三座建筑集中热水系统被管道机会致病菌定植，存在微生物不稳定引起的水质安全风险，应及时进行系清洗消毒，并采取相应水质保障技术措施。

高校生活热水出水为混水阀出水温度，应考虑学生寒暑假期间集中生活热水系统使用频率较低时的系统维护及水质保障措施。

（6）本次试验对北京市住宅、宾馆酒店、医院等使用集中热水供应系统5类建筑场所、22个采样点共计47件热水水样进行军团菌和非结核分枝杆菌的检测，呈阳性的场所类别为宾馆酒店类和住宅类。其中军团菌的阳性样本11件，占总样本数的23.4%；非结核分枝杆菌的阳性样本7件，占总样本数的14.89%；住宅类和酒店类均有两种机会致病菌同时检出的情况，占样本总数的6%。军团菌和非结核分枝杆菌在生活热水中普遍分布，无明显分布规律，生活热水致病微生物污染情况严重；综合各建筑非结核分枝杆菌阳性水样的楼层房间分布可发现，某酒店中，同一楼层不相邻两房间、不同楼层的不对应房间的热水水样均有呈阳性的样本，4个采样点中3个为阳性，说明该酒店集中热水系统已被非结核分枝杆菌定植，存在导致用水人员爆发非结核分枝杆菌感染的风险。在该酒店进行取样时发现，此阳性点热水出水水流很小、水流流速较慢，出水较长时间之后才能达到一定的热水温度。水流小、流速低有利于非结核分枝杆菌等微生物附着在管壁上形成生物膜；放水较长时间后水温才能达到热水温度，说明支管末端水温较低，给非结核分枝杆菌滋生提供了适宜的温度条件。此阳性点末端余氯检测值为0.08mg/L，该数值是本次调研中较高的余氯含量。同时该采样点异养菌51cfu/mL，菌落总数未检出、军团菌未检出。结合非结核分枝杆菌具有抗氯性，可见，用水末端存在消毒剂，可以有效地起到微生物抑制作用。因此，虽然该酒店末端支管及末端用水点的水温较低、水流停滞造成了非结核分枝杆菌大量滋生，但是由于末端余氯含量较高，使得其他微生物受到了抑制。

在某酒店的6个采样房间中，仅一处阳性水样，且非结核分枝杆菌数多不可计，其他5处（包括同一楼层不同房间和不同楼层不同房间）检测均呈阴性，说明该酒店集中热水系统还未被大面积污染，抽检样品与酒店入住率和淋浴使用率有关，当生活热水末端淋浴使用率较低时，末端水温降低，水流停滞，易在淋浴喷头内滋生包括非结核分枝杆菌在内的微生物，同时形成生物膜。

在住宅场所中，仅某住宅样本呈阳性，但同时也检出了军团菌。末端出水水温32℃，末端余氯含量0.028mg/L，菌落总数高达700cfu/mL，异养菌数多不可计，军团菌8cfu/mL，分枝杆菌10cfu/mL，所有微生物指标均不符合《生活饮用水卫生标准》GB 5749—2006的要求，说明此处生活热水水质差，微生物污染程度严重，存在较高的感染风险。

军团菌与非结核分枝杆菌因具有适应生活热水环境的共同特征，二者同时存在于同一建筑热水系统的几率较大，故军团菌和非结核分枝杆菌互为彼此的风险指标。菌落总数、异养菌数对生活热水中是否存在军团菌和非结核分枝杆菌无法起到直观有效的指示作用。

生活热水水质安全需要用户、系统设计维护人员、疾控部门共同给予关注。生活热水用水频率高、用水量大，关乎人体健康和生活品质。保障并提高生活热水水质，需要结合系统设计及水质保障措施。

4.3 集中生活热水系统水质保障技术研究

1. 热水系统设计的温度保证措施

将热水供水系统水温维持在较高的温度，通常不低于50℃，是控制军团菌的有效措施；

分枝杆菌在温度大于53℃时生长受到抑制,控制非结核分枝杆菌水温需高于55℃。这也是热水系统设计的最核心部分。

1) 热源问题

为了保证最不利点的热水温度,水加热设备或换热设备出水温度必须足够高。对于采用换热器的热水系统,热媒温度必须足够高。热媒采用市政热力的热水系统,很多存在热媒供回水温度偏低的问题,导致热水供水温度也低于设计温度,特别是夏季,市政热网温度普遍较低,使系统存在卫生安全隐患。而目前应用越来越广泛的太阳能、热泵系统,同样存在水温偏低的问题。太阳能加热器水温长时间运行在低于60℃的工况,热泵机组出水温度不高于60℃(50℃是热泵机组高效区)。对供水温度不足的系统必须考虑采取相应的安全技术措施来保证水质,如德国对太阳能系统规定采取防范措施防止军团菌在预热水箱中滋生。

2) 热水供应系统

为保证输配水管道水温,通常需要设计循环管道,热水系统循环是热水系统设计的难点所在。一般可通过采用管道同程布置确保系统循环的效果,但现实中由于建筑功能布局的不规则、用水区域功能的差异等,同程布置很难实现;另外同程布置使得管线长度增加,系统热损失增大。国外通常采用热水平衡阀、限流阀等阀门,一方面实现热水系统有效循环,一方面简化系统设计,这也将是热水系统设计发展的方向。

2. 管道腐蚀结垢

碳酸钙是造成热水系统中结垢的主要原因之一,除此以外还有磷酸钙垢和硅酸盐垢。在水—碳酸盐系统中,当水中的碳酸钙含量超过其饱和值时,就会出现碳酸钙沉淀,表现出结垢性;当水中的碳酸钙含量低于其饱和值时,则水对碳酸钙具有溶解的能力,能够将已经沉淀的碳酸钙溶解于水中,表现出腐蚀性。腐蚀性的水会对金属管道产生危害。

3. 管材的选择

有关研究表明,水温每上升10℃,腐蚀速度就增加1倍~3倍。热水系统管道较冷水系统更容易腐蚀,因此对管材的要求也就更加严格。水质软化会导致水的腐蚀倾向,在管材选择也要考虑硬度的影响。热水系统的灭菌技术,如氯、臭氧灭菌等,需要考虑灭菌剂对管材选择的影响。热水系统管材应能有效避免军团菌的滋生,有研究表明交联聚乙烯塑料管与不锈钢管及铜管更易滋生军团菌。

4. 灭菌技术

1) 紫外光催化二氧化钛灭菌装置

紫外光催化二氧化钛灭菌装置是一种利用光催化材料在紫外光的照射下发生光催化反应,通过其产生的一种强氧化羟基,破坏病菌细胞壁,从而灭杀细菌。该设备杀菌彻底,可以迅速灭杀、分解水系统中滋生的各类微生物、细菌、病毒等。由于在负载 TiO_2 表面产生具有强氧化性的电子空穴及电子的强还原能力,可以破坏微生物细胞的细胞膜,造成细胞原生质的流失,导致细胞整体分解,使微生物细胞失去复活、繁殖的物质基础,对细菌、粪大肠杆菌的去除是彻底、永久性的,不存在细菌重新复活的可能。该设备还可以去除藻类和有机物,可以灭杀、分解水系统中滋生的各种藻类和有机物。光催化产品化学特性稳定,本身不参与反应,无二次污染,作用持久,使用寿命长,设备维护简单,使用方便,适用于建筑生活给水和生活热水系统。

2) 银离子灭菌装置

银离子能够有效灭活热水系统的军团菌,中国建筑设计研究院有限公司进行了银离子灭活生活热水中军团菌的试验研究,采用模拟管道中试系统研究银离子对生活热水中军团菌及常规细菌的灭活作用。试验结果表明,银离子对军团菌和常规细菌均有显著的灭活效果。

3)高温灭菌

高温灭菌即通过升高热水系统的水温并持续一定的时间来杀灭细菌。采用热冲击灭菌时,热水系统应停止使用或采取其他能避免使用者烫伤的管理或技术措施。

日常运行中可以定期对管网进行热冲击灭菌。最不利点水温不低于60℃,持续时间不小于1h,每周不少于一次。

应急热冲击灭菌处理时,最不利点水温不低于60℃,系统持续运行时间不小于1h,各用水点冲洗时间不小于5min。

对于采用电伴热维持温度的系统(支管电伴热或干管电伴热),需要设置相应的控制装置,使系统温度暂时升高。

4)二氧化氯灭菌

根据对国外相关资料的研究分析,二氧化氯特别适合医院热水系统的灭菌处理。最不利点的二氧化氯浓度不低于0.1mg/L,投加量不高于0.5mg/L。投加位置为热水系统冷水补水管、水加热器出水管或循环回水管上。二氧化氯用于应急处理管网系统生物膜,应采用离线方式,二氧化氯浓度8mg/L～19mg/L,运行时间不小于2h,灭菌后投入使用前应进行冲洗。

5)氯灭菌

氯作为应用最广泛的消毒剂,可以用于热水系统在发生军团菌事故后的应急处理,投加量宜为20mg/L～50mg/L,最不利出水点游离余氯浓度不应低于2mg/L,运行时间不应小于2h,灭菌后使用前必须冲洗。

5. 热水系统维护管理

热水系统设备、配件较多,通常有加热器、储热罐、膨胀罐、循环泵及管道等,容易为细菌滋生提供适合环境,日常的维护管理不容忽视。

生活热水系统应进行日常供水水质检验,检验项目及频率应符合《生活热水水质标准》CJ/T 521—2018的规定。

热水配水管网及储水罐(箱)、膨胀罐等设备必须定期排水及清洗,应拆除积水的多余管段。当不可避免出现滞水区,宜在管段末端设冲洗阀,进行排水、冲洗。冲洗方法可根据管材不同采取银离子灭菌、高温灭菌、二氧化氯灭菌、高浓度氯灭菌等方法。

热水系统配件须定期检查及清洗维护。恒温混水阀、循环泵、安全阀、热交换器等应定期清洗。

热水设备及其管网、配件进行冲洗时应尽量避免产生水雾,并应设专用排水管段将冲洗废水引至排水沟。

为确保系统维护管理的质量和效果,热水系统宜建立热水系统危害分析的关键点。

6. HACCP(Hazard Analysis Critical Control Point)体系在生活热水系统中的应用

HACCP是Hazard Analysis Critical Control Point的英文缩写,HACCP体系是一种控制食品安全危害的预防性体系,用来使食品安全危害风险降低到最小或可接受的水平,预测和防止在食品生产过程中出现影响食品安全的危害,防患于未然,降低产品损耗。HACCP确保食品在生产、加工、制造、准备和食用等过程中的安全，在危害识别、评价和控制方面是一种科学、合理和系统的方法。识别食品生产过程中可能发生危害的环节并采取适当的控制措施，防止危害的发生。通过对加工过程的每一步进行监视和控制，从而降低危害发生的概率。生活热水系统水质安全贯穿于整个系统寿命期，始于系统设计，通过建设施工，最后经使用及运行管理实现其功能，利用 HACCP 的原理可以有效保证水质安全。

第5章　生活热水新型消毒技术研究

5.1　生活热水银离子消毒装置灭菌效果研究

城市二次供水系统作为城市供水系统的终端，其水质安全直接关系到人们的身体健康。生活热水是城市二次供水的重要组成部分。目前我国生活热水系统存在军团菌等生物安全性问题，逐渐引起社会的广泛关注。

本课题对实际生活热水系统的生物安全性进行了调查，指出了热水存在的生物稳定性问题，建立了热水循环管道模拟系统研究银离子对军团菌消毒效果，研究了生活热水系统的银离子消毒技术。

银离子对生活热水中军团菌及常规细菌的灭活试验结果表明，0.10mg/L 银离子灭活 210min 后，军团菌数量仅为 1cfu/mL，灭活率可达 99.92%，符合世界卫生组织规定每 100mL 水中检测出军团菌个数小于 1cfu 的要求。0.05mg/L～0.07mg/L 银离子灭活作用 180min 后，细菌总数和异养菌的灭活率分别达到 97.86% 和 85.71%，满足我国《生活饮用水卫生标准》GB 5749—2006 标准，可见银离子具有广谱灭杀各类细菌的作用，且效果显著。

可同化有机碳（AOC）表征饮用水中的生物稳定性，可作为评价管网水中细菌生长潜力的重要指标。本课题选取某高校生活热水系统采样检测试验结果显示，热水的三个水样中一个 AOC 值在 50cfu/mL～100cfu/mL，两个 AOC 值在 100cfu/mL～250cfu/mL，可能影响生活热水的生物稳定性。

生活热水系统的管理和维护对热水系统水质安全产生显著的影响。亟需制定生活热水水质保障体系，填补我国生活热水水质安全领域的空白。

5.2　生活热水水质安全及军团菌

目前生活热水系统和生活饮用水采用相同的水质标准，在很大程度上造成了热水供水的安全隐患，因此研究生活热水系统水质问题十分必要。生活热水系统水温升高，水中钙镁离子易形成 $CaCO_3$、$MgCO_3$ 沉淀，某些耐热致病微生物易于在系统中生长与繁殖等。通过对国外热水水质卫生状况的调研可知，加热使水中三卤甲烷含量增加，随着水温增高余氯含量减少或消失，异养菌数增多，细菌总数增多，热水系统中的水质达不到生活饮用的水质标准。水传播疾病的爆发绝大多数是由病原体引起的，包括细菌、病毒、原生动物和肠虫等。

5.2.1　微生物对生活热水水质卫生的影响

经常可在水中检测到的介水传播疾病的病原微生物主要有以下三类：病毒类、细菌类、寄生原虫类。其中病毒类主要包括：腺病毒、脊髓灰质炎病毒、轮状病毒、甲型和戊型肝炎病毒等；细菌类主要包括：霍乱弧菌、伤寒、沙门杆菌、大肠埃希菌等；寄生原虫类主要包括：隐孢子虫、贾第虫、溶组织内阿米巴虫、刚地弓形虫等。

一般细菌、病毒和寄生原虫热抵抗能力低，50℃水温作用下 1min～2min 即被灭活，因此在生活热水系统中并不常见，也不能成为威胁生活热水水质安全的主要因素。阿米巴原虫可抵抗高温，在热水系统中也会出现，但由于时间和试验条件限制，本课题没有进一步研究阿米巴原虫。

细菌总数可反映水体受生物性污染的程度，可作为水被生物性污染的参考指标；军团菌可反映水体是否受到军团菌的污染，可作为热水系统致病风险大小的参考指标。水厂出厂水通过加氯消毒，大量微生物被灭杀。虽然管网水含有一定余氯量可以保持持续消毒作用，但是，终端出水检测细菌学指标仍然存在合格率明显下降的问题。在一定条件下，机会致病菌会在管网中生长，严重威胁人体健康。这些致病菌包括军团菌属、分枝杆菌属、铜绿假单胞菌属、黄杆菌属、气单胞菌属等。本课题主要关注生活热水系统中存在的军团菌。

5.2.2　生活热水系统中的军团菌

在管道系统中，军团菌主要附着在管壁上的生物膜中。城市二次供水水源中含有细菌时，细菌会随机附着在管壁上利用管道水中的营养物质生长繁殖，如此在管壁上积累渐渐形成管道生物膜。生物膜在管网中的普遍存在，为军团菌提供了适宜的生存环境。

通过对人类肺部组织进行病理学检查及动物实验模型发现，只有肺泡直接被军团菌感染才会致使受体感染军团菌病，军团菌侵袭与黏附于人体上呼吸道而未能达到肺部是不会对人体造成病理损害的。空调冷却塔和淋浴器中能够形成较多细小的气溶胶，而此类大小的气溶胶刚好适宜直接到达人体肺泡，一旦有包含军团菌的气溶胶被人体直接吸入肺泡，即可感染致病。因此，空调和淋浴器是人感染军团菌最直接的危险源。

加热的水和雾化水汽同时存在的系统有可能滋生军团菌。当水温为 31℃～36℃ 且含有丰富有机物时，军团菌可长期存活甚至定植。水温 42℃ 时，军团菌可在热水中繁殖，如再提高水温则其他细菌受到抑制，而军团菌仍能生存，其存活温度高至 55℃～60℃。

丹尼斯等人提出，军团菌在高温环境下不能长期存活，实验室条件下军团菌的存活温度可达到 46℃，但不能超过 50℃。这是因为实验室条件下的军团菌是裸菌，其不被宿主所保护。实际管道系统中，大部分军团菌存在于阿米巴虫的保护下或生物膜中。

生活热水的热源部分，比如中央热水机组、热水加热器等，由于其自身特点及储热量的需求，水温通常都在 60℃ 以上，因此在其内部不可能存在军团菌。如果在生活热水储水装置内有死水区，其内部也可能被军团菌污染甚至定植。

越来越多住宅小区对集中生活热水供应系统的水量、水质、水压的稳定性提出了较高的要求。采用集中供热系统的星级酒店，由于不稳定热源的选择、供回水管路系统长及热水系统低温节能设计等问题，导致供水的最远端或循环回水管道内的水温低于 50℃，这也间接为军团菌的滋生提供了条件。

利用 60℃～70℃ 的高温水对管道进行冲洗，可灭杀热水循环管网和热交换器前后水中的异养菌、真菌和细菌总数，然而对水温低于 60℃ 的管段和死水区处，则无法灭杀军团菌。有文献研究表示，热水循环系统可通过水在系统内循环的方式有效防止军团菌的滋生。然而经过高温灭菌后数月内，如水温长期保持在 50℃ 以下，军团菌将会重新出现。据调查，在医院热水系统中，水温达到 55℃ 依然不能有效灭杀军团菌。在管线很长的热水系统中，管网末端和停滞水处成为军团菌的藏身处，形成隐患，随着水温变化和条件成熟，军团菌可能迅速地在管网中扩散繁殖。

综上可知，生活热水系统具有军团菌繁殖生长的有利条件，没有外来消毒技术和定期系统清洗维护措施的生活热水系统，存在较高的爆发军团菌病的风险。

5.2.3 生活热水系统消毒方法

热水系通常采用的消毒方式有：局部消毒和系统消毒。局部消毒是指在水系统中对某个固定点直接消毒的方式，消毒点经常选在进水口和出水口处。一般的局部消毒方式有紫外线消毒和局部加热消毒。局部消毒只能灭杀固定点位置的局部范围内的细菌，对已附着生物膜且军团菌严重污染的管道系统，杀菌效果不明显。系统消毒可在整个系统中投加一定量的抑菌或灭菌的消毒剂，配水系统将消毒剂充分且均匀的分配，使消毒剂达到管网末端和死水区，可对整个管网进行全面消毒。

5.2.4 军团菌消毒技术

近年来国内外常用的军团菌消毒技术分为物理方法和化学方法，包括热冲击法、加热消毒法、紫外线杀菌法、纳米二氧化钛（TiO_2）光催化技术、臭氧消毒、氯消毒、银离子消毒、电场技术消毒、铜和银离子复合消毒等。

在紧急情况下，热冲击法是一种很有效的方法。将水加热到 75℃～80℃ 可将原生动物、病原体或者细菌杀死。但不足的地方是其灭菌效果不能够持续，被认为是短期的暂时性的消毒方法，微生物有可能复活，还有烫伤人和管道结垢的危险。在处理过程中热水系统无法使用，不能满足人们每天使用热水的用水习惯。加热消毒法的最低温度应该控制在 60℃，才能使热水系统达到较好的灭菌效果，且必须对出水口和喷淋头进行 30min 以上的冲洗。

紫外线具有较强的杀菌能力，对微生物的灭杀作用是通过诱导形成胸腺嘧啶二聚体，从而抑制微生物 DNA 的复制，使其产生突变或死亡。与其他革兰氏阴性菌相比，嗜肺军团菌对紫外线的消毒作用更加敏感，所以采用紫外线处理水中的嗜肺军团菌是可行的。但是紫外线消毒没有持续作用，无法有效防止军团菌的再生，而且管道内生成的生物膜和水垢也会使紫外线效能显著下降。

纳米二氧化钛（TiO_2）光催化技术，是在一定波长的光照射下将半导体材料的价带电子激发到导带产生光生电子-空穴对，该光生电子-空穴对具有较强的氧化还原能力，可氧化水体中大部分有机污染物，能够氧化半导体材料表面吸收的 —OH、H_2O 分子，生成具有极强氧化能力的自由及活性物质，可以将水中的微量有机物逐步氧化分解为 CO_2 和 H_2O。瑞典某公司进行的产品验证试验说明，使用纳米二氧化钛（TiO_2）光催化技术对平均浓度为 10^6 cfu/L 的军团菌进行灭活试验，灭杀率约为 99%，达到了荷兰自来水中军团菌评价准则 BRLK14010-01/01 的要求。这种消毒方式与紫外线消毒同样不具有持续作用，无法有效控制军团菌的再生。

臭氧是一种强氧化剂，在充分接触条件下对微生物有很好的灭杀效果，但不具有持续的灭菌效果。

氯消毒是现在普遍采用的消毒方法，当水中游离氯含量在 1mg/L～2mg/L 时，能够杀死大多数病原体。虽然含氯消毒剂的消毒作用具有持续性，但具有腐蚀性，使用含氯制剂易腐蚀管道，产生消毒副产物。而且有文献表明，只有当氯的浓度达到 2mg/L～6mg/L，才能得到持续抑制军团菌的效果，这个浓度比传统处理饮用水所使用氯浓度（≤1mg/L）高很多，相应的消毒副产物产量也随之增多。

电场技术是通过脉冲电场能够产生脉冲磁场，交替作用的脉冲电场和脉冲磁场，使细胞膜透性增加，随着振荡的加剧，膜强度不断减弱，直到细胞膜被破坏，膜内的物质流出膜外，膜外物质渗入膜内，膜对细胞的保护作用逐渐消失。研究证明，电场技术具有较强的杀菌作用，一方面电场能够击穿细胞膜，更主要的是电场作用下，在电极的表面产生了电化学反应，有强氧化性的物质生成，从而对微生物进行灭活作用，因此在消毒领域，电场技术越来越多地被使用。黄滨等人实验证明，电场技术具有明显的灭杀军团菌的效果，在无氯离子存在的情况下，其出水灭菌率可达 99％以上；氯离子的存在促进了电场灭菌的效果，使电场出水在 2min 后即可达到 100％的灭菌率。但是目前该种灭菌方式没有适用于实际建筑供水系统中的成型产品，无法应用于实际生活热水系统进行消毒。

铜-银电离装置是通过电解作用使电极板电离产生 Cu^{2+} 和 Ag^+。当水中 Cu^{2+} 和 Ag^+ 浓度分别为 0.2mg/L～0.4mg/L 和 0.02mg/L～0.04mg/L 时，能杀死水中的嗜肺军团菌。铜－银离子复合消毒方式在国外已有较多成熟的研究及案例，验证了其对灭杀军团菌具有很好的效果，同时也验证了单独使用铜或银离子也可达到相同的灭菌效果。但是电离装置关闭 6 周～12 周后，供水系统中会出现嗜肺军团菌的重新繁殖现象，而且必须定期清洗电极以去除沉积的水垢。铜－银离子复合消毒最不易控制的一点是，如果操作不当会导致供水中 Cu^{2+} 和 Ag^+ 浓度过高，因此近年来国外出现了单独采用银离子消毒灭菌的方式，并在日本得到了广泛应用。

目前实验室对银离子抑制、灭杀细菌等微生物的研究发现，在水温为 43℃ 时，0.1mg/L 的银离子作用 30min 可将金葡萄球菌、绿脓菌、大肠杆菌、痢疾杆菌和伤寒杆菌完全灭杀；0.08mg/L 的银离子同样作用时间可灭杀霍乱弧菌；银离子还可抑制肠道病毒的复制，对病毒亦有灭杀作用。单独的银离子消毒装置易于控制，操作简单，并有持续灭菌的作用，灭杀效果好。韩铁军等人用含 $45\mu g/L$ 银离子的消毒剂对军团菌的灭杀试验，陈悦用银离子消毒剂将浓度为 2.58×10^4 cfu/mL 的军团菌灭杀至低于 10cfu/mL 的试验，试验表明，银离子消毒剂在第 0.5h、1.0h、1.5h、2h 的灭菌率分别达 52.61％、99.46％、99.64％、99.80％，在 3h 及以后的灭菌率均在 99.99％以上。来自日本离子株式会社的实验显示，浓度为 0.03mg/L 的银离子对军团菌作用 120min 后，可将军团菌浓度由 10^6 cfu/mL 减少到 5cfu/100mL；对军团菌作用 2min 后，可将军团菌浓度由 10^3 cfu/mL 减少到 5cfu/100mL。浓度为 0.16mg/L 的银离子，对军团菌作用 30min 后，可将军团菌浓度由 10^6 cfu/mL 减少到 5cfu/100mL。日本离子株式会社的实验数据也表明，用 0.05mg/L 银离子灭杀 1×10^5 cfu/mL 的军团菌 3h 后可达到不检出的效果。YU-SENE. LIN 等人指出，用浓度为 0.08mg/L 的银离子 24h 灭菌率可达到 5-log（99.999％）。

5.3 银离子灭菌装置的研发与应用

5.3.1 研究对象

通过模拟生活热水循环系统建立小型中试试验系统，研究银离子消毒装置在中试系统条件下对水中微生物的灭活效果。主要灭活对象包括：军团菌、细菌总数、异养菌，通过对以上三种细菌的灭活效果评价银离子对中试系统水质安全的维护效果。

5.3.2 银离子灭菌机理

两千多年前的古埃及人就已经开始使用银片来消毒，他们用银片将伤口处覆盖，从而防止细菌感染，加速伤口愈合。蒙古牧民保留着使用银碗盛装羊奶使其保持新鲜。20世纪后，随着科技的进步，银具有较强灭活细菌的能力及其消毒作用的广谱性被人们发现，并开始在生活中应用。Nageli 于 1983 年提出，银消毒的微动力作用，即微量的银在不需要外力的作用下，能够自行脱离银片稀释到水里，并扩散进入微生物细胞中，使微生物不断吸收银离子并积累到中毒的程度。

银离子消毒技术是通过电解的方法产生银离子，银离子与微生物结合反应，使微生物失去活性，达到灭活微生物的效果。首先，银离子会吸附在细胞壁的表面，细胞的部分生理功能被银离子破坏，待聚集的银离子达到一定量后，即穿透细胞壁进入细胞内部，并在胞浆膜上滞留，此时银离子起到抑制膜内酶活性的作用，致使细菌等微生物的死亡。其次，微生物与银离子接触反应，会使微生物结构遭到破坏或产生功能障碍。当微量银离子到达微生物细胞膜时，因后者带负电荷，银离子带正电荷，依靠库仑引力作用使两者牢固吸附。银离子穿透细胞壁进入细胞内，使胞内蛋白质凝固，从而破坏细胞体内可分解葡萄糖、蔗糖、尿素等酶的活性，主要破坏其羧基（—COOH）与硫氢基（—SH）而使细菌死亡。另外，银对微生物体内含硫氢基（—SH）酶的亲和力较强，可与之形成不可逆的硫银化合物，干扰微生物的呼吸作用，导致微生物死亡。研究还发现，原生质细胞（无壁细胞）与完整的细胞一样能很快地与银离子相结合，银离子穿入原生质细胞内与原生质作用，使原生质收缩凝集脱出，从而使得原生质细胞比有壁的细胞更快死亡。

实验研究表明，银离子消毒机制主要表现在三个方面：对微生物体内酶和氨基酸的作用、破坏微生物的屏障结构和破坏微生物的 DNA 分子合成。

银离子作为消毒剂，是一种无色无味无刺激无污染的"绿色灭菌制品"，当菌体失去活性后，部分银离子会从菌体中游离出来，再与其他细菌接触，灭活其他细菌，重复进行灭活过程，因此消毒效果持久。银离子对细菌具有较好的灭活作用，但不同细菌对银离子的抵抗力各不相同。

5.3.3 研究内容

有实验室小试研究数据说明，银离子具有广谱高效短时的消毒灭菌效果，并且不会产生消毒副产物对水质进行二次污染。本课题通过建立模拟建筑热水循环系统的中试系统，对银离子消毒灭菌效果进行试验研究，验证银离子灭菌的系统消毒效果。

主要研究内容包括以下几点：

（1）研究国内外生活热水水质现状及存在问题，针对军团菌定植生活热水系统给人体带来安全隐患这一问题，对比讨论后提出采用银离子消毒技术作为保障生活热水水质安全的措施。

（2）根据生活热水系统的特点，建立模拟生活热水循环系统的小型中试系统。

（3）利用中试系统，开展银离子对模拟生活热水系统的循环系统进行消毒试验研究。

（4）考察银离子消毒装置通电作用后电解银离子的速度及银离子在管道系统中的均匀效果。分别验证银离子对不同菌种的灭活效果和规律，综合讨论银离子保障中试系统水质安全的可行性。

（5）对某高校生活热水系统中的 AOC 进行抽样检测，讨论生活热水水质生物安全性。

（6）针对生活热水系统军团菌危害水质安全的情况，采取有效的灭菌技术和管理措施来维护管道系统水质安全，最终保障生活热水水质安全，也是本课题的核心内容。

5.3.4 中试试验设计

系统设计依据：本试验系统的设计参考美国标准《Copper/Silver and Copper Ion Generators》（NSF/ANSI50－2010）。其中对实验装置的要求如下：测试水箱（水罐）容积需满足装置内总水量 30min 循环 5 次的要求，若不能满足以上要求，测试水箱（水罐）容积应按商家建议的最小设计水量 800L，且满足消毒时间 30min 进行设计。该标准要求装置运行完成后的最终灭菌效果达到 3-log。

1. 中试系统

本课题建立模拟生活热水循环系统的小型中试测试系统，主要验证银离子对模拟热水循环管道中试系统中微生物的消毒效果。

中试系统由水罐、均匀布水管路、倒流防止器、温度控制器、电加热棒、温度探头、循环泵、银离子消毒装置、压力表、流量计、排气阀、加药口、吸水管取样口、回水管取样口、泄水管等组成。水罐为密闭式，材质为 304 不锈钢，规格为 $\Phi \times H = 750mm \times 1795mm$，有效容积为 829L，内设置 8kW 电加热棒，循环泵流量为 1.6m³/h。管道材质为 PPR，管径为 DN25，总管长约 12m，中试系统采用一套独立的热水管道模拟系统。根据循环泵 1.6m³/h 的流量，30min 可完全循环一次，见图 5.3-1、图 5.3-2。

与现场采样和实验室小试相比，管道模拟系统能够真实地模拟热水循环管网，且采样方便，可用于评估各种灭菌装置和控制措施对热水系统消毒灭菌的效果。

2. 试验方法

1）调试检查系统：将系统管道和水罐充满水，运行循环泵，调节水泵流量和扬程，控制水泵流量为 1.6m³/h，扬程为 1.5m～2m，打开水罐温控器，设定控制温度为 35℃。系统试运行 30min，检查系统及附件运行是否正常，检查热水循环泵、流量计、压力表、管道温度计、温度控制器、管道及水箱是否漏水。

2）冲洗系统：消毒后管网内充水，打开温度控制器，加热水箱内的水，当水箱内置温度探测器探测到回水水温低于 40℃时，电信号控制启动电加热控制器，加热水箱内的

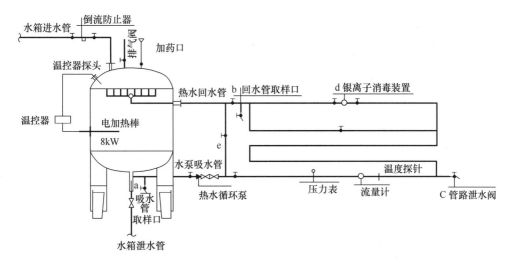

图 5.3-1　管道生活热水循环系统构成

水。同时打开进水阀和排水阀，对系统进行冲洗，持续冲洗 30min。

3）银离子消毒装置：将系统内充满水，调节管道阀门，使水流可流经银离子消毒装置。调试银离子消毒装置，设定电流为 100mA，电压为 220V。打开温度控制器、循环泵、银离子消毒装置，水流经银离子消毒装置，在循环泵的作用下，含银离子的水流在管道系统内循环的同时使银离子混合均匀。定时采样检测银离子浓度，当系统中银离子达到指定浓度后，关闭银离子消毒装置，调节中试系统阀门，使系统水流不流经银离子消毒装置。

4）灭菌实验：自银离子发生器开启时计时，按试验计划采样时间分别从 a、b 两个采样点采集水样。分析水样中微生物在银离子消毒作用下的变化情况。

图 5.3-2　管道生活热水循环系统现场

5）废液处理：由于检测工作的滞后性和对排水安全的考虑，对系统试验后含有致病菌的水，加氯消毒后排入市政排水管网。将不含致病菌的试验废水，试验后直接排入市政排水管网。

6）补充：试验后对系统进行多次冲洗并放空，为下次试验做好准备工作。

3. 试验条件

1）试验水质见表 5.3-1。

2）装置安装地点：北京市万泉压力容器厂。

3）水质监测场所：北京工业大学市政实验室。

4. 样本的采集和预处理

采集水样：用酒精灯对取样口处灼烧 1min，打开取样口放水 2min 后采集样品 100mL，收集于经高压灭菌后的 100mL 三角瓶中。

表 5.3-1 试验用水水质

水样	pH 值	钙硬度 (mg/L)	镁硬度 (mg/L)	总碱度 (mg/L)	氯化物 (mg/L)	余氯 (mg/L)	DO (mg/L)	电导率 (μS/cm)	COD_{Mn} (mg/L)
自来水	7.8	0.92	0.89	170	5.8	0.10	8.1	501	2.10
中试系统用水	7.6	1.61	0.81	180	5.5	0.10	7.4	566	1.59

含军团菌样品预处理：取水样标本 200 mL 无菌操作倒入膜过滤系统中，将样品通过孔径 $0.45\mu m$ 滤膜过滤。取下滤膜置于已加入 10mL 无菌蒸馏水和适量灭菌玻璃株的 50mL 无菌离心管中，放在振荡器上振荡 1min，所获样品称为"待处理样品"。取 1mL "待处理样品"，加入到带盖无菌管中 50℃±1℃ 水浴处理 5min～30min。取静置 10min±2min 的"待处理样品"0.5mL，加入 0.5mL～4.5mL 酸缓冲液，调节 pH 值为 2.0～2.2，作用 5min～15min。

图 5.3-3 银离子消毒装置样品

5. 银离子消毒装置

1）银离子水溶液电解原理

银离子消毒装置（见图 5.3-3）由一个微型电子控制器和不锈钢壳体及铜银离子发生电极组成。电气控制箱设计功能主要有电源装置（220V、50Hz）：输出直流电，最大电流 300mA、绝缘变压器、内设电压计、电流计、报警、计时器、联锁电路、倒极、电源和输出电源表示灯等。离子发生器壳体采用 304（0Cr19Ni9）不锈钢，内外涂绝缘层，耐水压 $6kg/cm^2$，内设一对纯银电极板和内窥镜，随装置备有银浓度的快速检测盒。水流经过产生银离子极板时，获得 0.05mg/L～1.0 mg/L 的银离子。该装置银离子浓度控制在 0.05mg/L～1.0 mg/L 以内，符合国际上饮用水卫生健康要求。

设备运行后，微型电子控制器输出低压直流电流，在低压直流电作用下，金属银在阳极会产生银离子；当水通过辅机时，银离子在水流作用下扩散到水中。微型电子控制器通过控制直流电流的大小，从而控制产生银离子的数量；通过设置时间控制极性转换，防止电极不平均消耗，当两电极消耗尽时，更换一对新的电极便可继续使用。银离子消毒装置安装在热水系统循环回水干管上，与热水循环水泵系统配合工作。银离子溶于水中，起到灭菌抑菌的作用。

2）水量及银离子浓度计算

据法拉第第二定律：电解过程中，通过的电量相同，所析出或溶解出的不同物质的量相同。电解定律表明，当电解时任一电极反应中发生变化的物质数量与电流强变和通过电流的时间成正比，即与通过的电量成正比。即电解 1mol 物质，所需用的电量为 1 个"法拉第"（F）等于 96500C。

$$1C＝1A \cdot s$$
$$96500C＝26.8 A \cdot h(1F＝26.8A \cdot h＝96500C)$$

（1）电解过程中析出的物质总量按下式计算：

$$G = \frac{E}{F} \times I \times T \tag{5.3-1}$$

式中：G——析出物质的质量

E——析出物质的化学当量［即：A（相对原子质量）/Z（化合价）］，银的化学当量为 107.86；

I——电流（A）；

T——电流通过的时间（s）；

E/F——每一库伦电量能析出物质的质量（电化学当量）。

银离子的发生量，相当于 2 张银电极间流动的电量（电流和时间的积）和电极素材（银）的化学当量的比值，1 库伦（C）的电量作用下可电解出 1.118mg 的银离子。

$$G = \frac{107.86}{96500} \times 1(A) \times 1(s) = 1.118\text{mg} \tag{5.3-2}$$

根据电流的定义可知：1 库伦（C）＝1 安培（A）×1 秒（s），1 库伦（C）＝1000 毫安（mA）×1/3600 小时（h），可算得 1mA×1h 时溶解 0.004g 银离子。

$$1\text{mA} \cdot h = \frac{0.001118}{3600} \times 1000 = 0.004\text{g} \tag{5.3-3}$$

（2）银离子浓度计算公式：

$$C_{Ag+} = \frac{0.004 \times I \times T}{V} \tag{5.3-4}$$

式中：C_{Ag+}——银离子浓度（mg/L）；

I——电流（mA）；

T——电流通过的时间（h）。

V——水量（m³）。

银离子发生器产生的银离子浓度控制在 0.05mg/L～0.10mg/L。美国国家环保局建议饮用水中的银离子浓度限值为 0.10mg/L，但世界卫生组织对饮用水没有相关的限值要求。我国公共场所沐浴水的水质要求应符合《生活饮用水卫生标准》GB 5749—2006，银离子浓度的限值为 0.05mg/L。为充分考察银离子对军团菌的灭活效果，尽可能缩短银离子灭活军团菌的时间，本试验采用美国国家环保局建议的银离子浓度 0.05mg/L～0.10mg/L 进行消毒灭菌试验。

根据公式（5.3-4）可知，银离子浓度取决于热水循环系统水量和银离子消毒装置工作时间。

试验过程中发现，银离子消毒装置是不需要长时间连续开机的，假设集中循环热水系统按每天 3h 工作时间计算，银离子消毒装置即可在工作 3h 后关机，析出的银离子在循环系统内随水流循环均匀。根据市场调查银价 6.83 元/g，银离子消耗量（元/年）＝0.004×I×3×365×6.83。

由表 5.3-2 可知，银离子消毒装置可短时运行，降低银离子消耗量，运行成本低廉。如果按 5m³ 的小系统银离子浓度 0.05mg/L，每天运行 3h，银离子的消耗费用是 1.7 元/d，20m³ 的系统银离子的消耗成本是 6.8 元/d。与其他消毒方法相比较，该装置应用简单方便，具有运行费用低和灭菌效率高的优点，特别适用于集中热水循环系统消毒。

表 5.3-2　银消耗-费用分析

银离子浓度（mg/L）	假定电流 I（mA）	循环水量 V（m³）	银消耗-费用（元/年）
0.05	20	5	598
0.05	40	10	1197
0.05	60	15	1795
0.05	80	20	2393

6. 金属银离子安全性

1）小鼠毒性实验

目前市场上的常见氯消毒剂如漂白粉等，对人体皮肤黏膜、呼吸道、肺伤害很大。陕西省卫生防疫站用第四军医大学动物研究中心提供的健康成年雌、雄小白鼠各 20 只，分别对银消毒剂以 20.14g/kg 体重剂量进行经口一次灌胃试验，观察 7 天，动物无一死亡，并未见任何中毒症状，实验结果按卫生部门颁布的《消毒技术规范》中经口急性毒性分级标准确定，该种银消毒剂属实际无毒级消毒剂；第四军医大学临床药理临床药学研究中心对昆明种小白鼠（18g～22g 体重），一次性因消毒剂灌胃（含银 45mg/kg），连续 7d，记录动物外观、行为活动、精神状态、食欲、大小便、被毛、肤色和死亡情况，均未见异常，亦无死亡现象。实验证明该种银消毒剂属实际无毒级消毒剂。

2）动物刺激性实验

用第四军医大学动物中心提供的成年家兔 4 只，体重 2.5kg～3kg，向每只试验兔一侧眼结膜囊内分别滴入银消毒剂（含银 500mg/L）0.1mL，另一侧眼作对照，使动物滴入眼药水眼睛被动闭合 4s，然后用生理盐水将残余物冲洗干净。冲洗后 6h 至第 7 天观察眼睛刺激反应，发现 4 只家兔冲洗后 6h 眼结膜见血管均充血，眼角膜、巩膜均未见异常，至 48h 后眼结膜恢复正常，眼刺激平均指数为零，实验证明银消毒剂无刺激性。用同上 4 只家兔经一次性皮肤刺激试验，将含银 500mg/L 的银消毒剂 0.5mL 均匀涂于家兔去毛备皮 3.0cm×3.0cm 面积处，不冲洗，另一处同等面积去毛备皮作对照（用蒸馏水），并于 1h、24h、48h 后观察两处皮肤，涂抹部位皮肤未见红斑及水肿，对照侧皮肤无差异，家兔皮肤一次性刺激反应积分为零，证明银消毒剂无刺激性。基于上述实验测试，说明银消毒剂用作水灭菌无刺激性。

3）银离子的安全性

当饮用水中银离子浓度低于 0.05mg/L 时，饮用水是安全的。根据流行病学和药代动力学知识（银症），银对人的无害作用的水平（经口终生摄入剂量）为 10g。当饮用水浓度 0.1mg/L 时，一个 70 岁的人终生从饮用水中的摄银量为 5g，即相当于无害作用水平的 1/2，也就是说，对人体不会产生健康危害。我国在饮用水标准中银的限值为 0.05mg/L，美国国家环保局限值为 0.1mg/L。

以一般公共浴池银消毒装置为例，池中水量为 4.8m³，当银发生器停止电解时，银的浓度为 0.074mg/L，100 人入浴后，银的浓度为 0.064 mg/L。假定 100 人洗浴，池水溢出以每人补给原水 3L，池水银的浓度约为 0.069mg/L，洗浴者消耗的银量为 24mg，计算出每一洗浴者为 24mg÷100＝240μg。假定人体 100％吸收，按照银对人无害作用水平

10g，可计算出引起"银症"的入浴次数 40000 次约 100 年。浴池水不考虑溢出则约为 50 年。

在实际情况下，被人体吸收的银，仅为浴池中与人体表面接触的一微米以内的银，通常认为，人体直接接触的池水量不超过 10kg。而且，附着在人体表面的银可以在浴后冲澡或毛巾擦拭的过程中被去除，即使是最终未被去除的银，也很难保证完全被人体吸收。因此，实际被人体吸收的银应该比上述计算值少很多。

5.3.5　银离子灭活军团菌试验

1. 银离子发生浓度烧杯试验

1）试验设备：银离子发生器，有效容积 10L 烧杯一个、搅拌器一个、插入式电子测温仪、100mL 注射器 1 个、哈纳银离子浓度检测仪一套、各种量杯若干，见图 5.3-4 银离子电解试验。

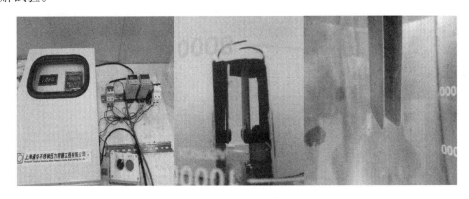

图 5.3-4　银离子电解试验

2）测试条件：保证水样温度控制在 20℃～24℃。

3）试验地点：上海通华不锈钢压力容器工程有限公司。

4）试验方案：通过电流电解水中银片，产生银离子，验证银离子发生器银离子释放能力。试验采用两种形式，恒电流银离子累计浓度试验和变电流银离子累计浓度试验。

恒电流银离子累计浓度试验：恒定电流，恒定水容积，恒定电解时间，检测银离子单次和累计释放浓度，试验时保证每次容器、量杯、测量仪器及银电极清洗干净。每次银离子发生完后，用搅拌器充分混合，用注射器在电极上充分清洗。

变电流银离子累计浓度试验：变化电流，恒定水容积，恒定电解时间，检测银离子单次和累计释放浓度，试验时保证每次容器、量杯、测量仪器及银电极清洗干净。每次银离子发生完后，用搅拌器充分混合，用注射器在电极上充分清洗。

5）试验数据：见表 5.3-3～表 5.3-5。

6）试验结论

（1）由烧杯试验可见，银离子发生装置在电控柜恒电流的控制下，可有效释放银离子，且电流大于 80mA 时肉眼可见释放银离子现象。

（2）试验显示银离子发生装置银离子释放量与理论计算值有一定的偏差，且偏差随水中银离子浓度的升高变大。

表 5.3-3 小烧杯试验测银离子浓度（试剂为 5 月购买，开瓶后放置近 4 个月）

恒电流累计实验

序号	试样银离子检测浓度数据1 (mg/L)	Δ=$C_{n+1}-C_n$	试样银离子检测浓度数据2 (mg/L)	Δ=$E_{n+1}-E_n$	试样平均银离子检测浓度 (mg/L)	与理论数值的偏差 (%)	银离子理论累计浓度 (mg/L)	银离子浓度理论值 (mg/L)	银离子发生器开启时间 T (h)	T (s)	电流强度 I (mA)	水容积 V (m³)
1	0.038	0.043	0.054	0.042	0.046	8.675	0.04232042	0.04232042	0.00555556	20	20	0.0105
2	0.081	0.035	0.096	0.041	0.0885	9.08125	0.084656085	0.04232042	0.00555556	20	20	0.0105
3	0.116	0.038	0.137	0.019	0.1265	−1.14375	0.12698127	0.04232042	0.00555556	20	20	0.0105
4	0.154	0.044	0.156	0.049	0.155	−33.8125	0.169312169	0.04232042	0.00555556	20	20	0.0105
5	0.198		0.205		0.2015		0.211640212	0.04232042	0.00555556	20	20	0.0105

变电流累计实验

序号	试样银离子检测浓度数据1 (mg/L)	Δ=$C_{n+1}-C_n$	试样银离子检测浓度数据2 (mg/L)	Δ=$E_{n+1}-E_n$	试样平均银离子检测浓度 (mg/L)	与理论数值的偏差 (%)	银离子理论累计浓度 (mg/L)	银离子浓度理论值 (mg/L)	银离子发生器开启时间 T (h)	T (s)	电流强度 I (mA)	水容积 V (m³)
1	0.045	0.055	0.053	0.07	0.049	15.7625	0.04232042	0.04232042	0.00555556	20	20	0.0105
2	0.1	0.071	0.123	0.08	0.1115	8.945833333	0.10582106	0.063492063	0.00555556	20	30	0.0105
3	0.171	0.111	0.203	0.085	0.187	−4.10625	0.19047619	0.084656085	0.00555556	20	40	0.0105
4	0.282	0.019	0.288	0.027	0.285	−10.675	0.296296296	0.10582106	0.00555556	20	50	0.0105
5	0.301	0.054	0.315	0.05	0.308	−90.7833333	0.423280423	0.12698127	0.00555556	20	60	0.0105
6	0.355	0.035	0.365	0.039	0.36	−142.714286	0.571428571	0.14814148	0.00555556	20	70	0.0105
7	0.39	0.06	0.404	0.061	0.397	−203.021875	0.740740741	0.169312169	0.00555556	20	80	0.0105
8	0.45		0.465		0.4575	−248.701389	0.931216931	0.19047619	0.00555556	20	90	0.0105

表 5.3-4 小烧杯试验检测银离子浓度

序号		试样银离子检测浓度数据1 (mg/L)	试样银离子检测浓度数据2 (mg/L)	试样平均银离子检测浓度 (mg/L)	与理论数值的偏差 (%)	银离子浓度理论值 (mg/L)	银离子发生器开启时间 T(h)	T(s)	设置(仪表显示)电流强度 I (mA)	电极两端实测电流 (mA)	水容积 V (m³)
1	电流与浓度对应试验	0.067	0.091	0.079	24.425	0.063492063	0.008333333	30	20	26.3	0.0105
2		0.112	0.121	0.1165	22.325	0.095238095	0.008333333	30	30	36.7	0.0105
3		0.129	0.138	0.1335	5.13125	0.12698127	0.008333333	30	40	45.8	0.0105
4		0.178	0.179	0.1785	12.455	0.158730159	0.008333333	30	50	55.6	0.0105
5				0.2	5	0.19047619	0.008333333	30	60	68.8	0.0105
6		0.22	0.228	0.224	0.8	0.222222222	0.008333333	30	70	74.7	0.0105
7		0.261	0.264	0.2625	3.359375	0.253968254	0.008333333	30	80	84.7	0.0105
8		0.294	0.298	0.296	3.6	0.28571286	0.008333333	30	90	94.9	0.0105
9		0.311	0.317	0.314	-1.09	0.317460317	0.008333333	30	100	104	0.0105
10		0.379	0.379	0.379	-0.5125	0.380952381	0.008333333	30	120	123	0.0105
11				0.42	-5.5	0.444444444	0.008333333	30	140	142.1	0.0105
12		0.47	0.489	0.4795	-5.5984375	0.507936508	0.008333333	30	160	162.1	0.0105
13				0.53	-7.25	0.571428571	0.008333333	30	180	181.2	0.0105
14		0.584	0.61	0.597	-5.9725	0.634920635	0.008333333	30	200	201.2	0.0105

表 5.3-5　小烧杯试验测银离子浓度

序号		试样银离子检测浓度数据1 (mg/L)	$\Delta = C_{n+1} - C_n$	试样银离子检测浓度数据2 (mg/L)	$\Delta = E_{n+1} - E_n$	试样平均银离子检测浓度 (mg/L)	$\Delta = G_{n+1} - G_n$	与理论值的偏差 (%)	银离子理论累计浓度值 (mg/L)	银离子浓度理论值 (mg/L)	银离子发生器开启时间 T (h)	T (s)	电流强度 I (mA)	水容积 V (m³)
1	变电流累计实验	0.066	0.042	0.072	0.044	0.069	0.043	63.0125	0.042328042	0.042328042	0.005555556	20	20	0.0105
2		0.108	0.066	0.116	0.06	0.112	0.063	5.84	0.105820106	0.063492063	0.005555556	20	30	0.0105
3		0.174	0.048	0.176	0.055	0.175	0.0515	−8.125	0.19047619	0.084656085	0.005555556	20	40	0.0105
4		0.222	0.078	0.231	0.091	0.2265	0.0845	−23.55625	0.296296296	0.105820106	0.005555556	20	50	0.0105
5		0.3	0.075	0.322	0.059	0.311	0.067	−26.52625	0.423280423	0.126984127	0.005555556	20	60	0.0105
6		0.375	0.014	0.381	0.027	0.378	0.0205	−33.85	0.571428571	0.148148148	0.005555556	20	70	0.0105
7		0.389	0.075	0.408	0.069	0.3985	0.072	−46.2025	0.740740741	0.169312169	0.005555556	20	80	0.0105
8		0.464		0.477		0.4705		−49.47471591	0.931216931	0.19047619	0.005555556	20	90	0.0105

2. 银离子管道中试系统试验

1) 试验装置：见图 5.3-5。

图 5.3-5　管道生活热水循环系统

2) 中试系统银离子释放情况第一次试验流程：

调试检查系统：将系统管道和水罐充满水，运行循环泵，调节水泵流量和扬程，控制水泵流量为 1.6m³，扬程为 1.5m～2m，打开水罐温控器，设定控制温度为 35℃。

银离子消毒装置：将系统内充满水，调节管道阀门，使水流经银离子消毒装置。调试银离子消毒装置，设定电流为 100mA，电压为 220V。打开温度控制器、循环泵、银离子消毒装置。水流经银离子消毒装置，在循环泵的作用下，含银离子的水流在管道系统内循环，同时使银离子混合均匀。

自银离子发生器开启时计时，按试验计划采样时间分别从 b 点采集水样。

根据公式（5.3-4）计算，要使系统内得到 0.05mg/L 浓度的银离子，需银离子灭菌装置工作 12min。为了更好地检验银离子消毒装置银离子释放能力，将银离子消毒装置关闭时间定为 37min。

开启银离子灭菌装置，分别在 12min、20min、25min、35min、37min、45min、60min 在采样口 b 处取样，检测银离子浓度。

（1）仪器设备：HANNA-HI96737 银离子浓度测定仪、日本离子株式会社-银离子浓度测定仪 AGT-131。

（2）试验结果：见表 5.3-6、图 5.3-6。

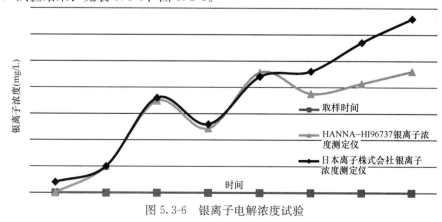

图 5.3-6　银离子电解浓度试验

表 5.3-6　银离子电解浓度试验

	样品名	取样时间	银离子浓度	
			HANNA-HI96737 银离子浓度测定仪	日本离子株式会社银离子浓度测定仪
37 度				
	原水		0	0.02
	热水	12min	0.05	0.05
		20min	0.174	0.18
		25min	0.122	0.13
		35min	0.228	0.22
		37min	0.188	0.23
		45min	0.207	0.285
		60min	0.23	0.33

（3）结论：

a　12min 时，系统中银离子浓度达到 0.05mg/L，符合公式计算。

b　37min 前，即银离子消毒装置关闭前，系统中银离子浓度基本保持持续上升状态。

c　两种不同的银离子浓度测定仪显示的检测结果基本保持一致，数据误差属于正常误差范围。

3）中试系统银离子释放情况第二次试验流程（图 5.3-7）：

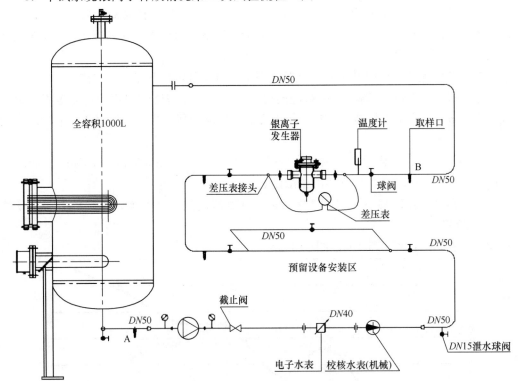

图 5.3-7　银离子消毒装置中试安装图

注：1 号、2 号加热罐全容积各 1.0m³，管道水容积 0.031m³，系统总水容积理论值 2.031m³；循环管道总
长约 16.85m（DN50——13.05m，0.0294m³；DN40——1.4m，0.002m³）（试验如果只用一个储罐，
系统总容积 1.031m³）。

（1）调试检查系统：清洗中试系统，将系统管道和水罐充满水，运行循环泵，调节水泵流量和扬程（控制水泵流量为 5m³/h，根据特性曲线一挡扬程为 8.8m，二挡扬程为 10.2m，三挡扬程为 12.6m）。打开水罐温控器，设定控制温度为 35℃（流速约为 0.61m/s）。

（2）银离子消毒装置恒电流释放情况测试实验：将系统内充满水，调节管道阀门，使水流可流经银离子消毒装置。调试银离子消毒装置，电压为 220V，设定固定电流。打开温度控制器、循环泵、银离子消毒装置（设置时控器，使其定时关闭）。水流流经银离子消毒装置，在循环泵的作用下，含银离子的水流在管道系统内循环，同时使银离子混合均匀。

（3）自银离子消毒装置开启时计时，按时间分别从 a、b 取样口采集水样。

（4）在第一次试验结束后，清洗中试系统，确保水中无银离子残留后进行下一步试验。

（5）银离子消毒装置变电流释放情况测试实验：将系统内充满水，调节管道阀门，使水流可流经银离子消毒装置。调试银离子消毒装置，电压为 220V，设定电流。打开温度控制器、循环泵、银离子消毒装置（设置时控器，使其定时关闭）。水流流经银离子消毒装置，在循环泵的作用下，含银离子的水流在管道系统内循环，同时使银离子混合均匀。

（6）仪器设备：HANNA-HI96737 银离子浓度测定仪。

（7）试验结果：见表 5.3-7。

（8）试验结论：

a 新系统对水中银离子具有吸附作用，循环时间对系统中银离子的浓度有影响，循环时间越长系统中银离子浓度越稳定。

b 温度对银离子浓度检测仪器有影响，温度过高过低都会影响检测结果，最适检测温度范围为 24℃左右。

c 银离子灭菌装置在系统中的银离子释放情况基本稳定，理论值与实际检测值有一定的偏差。

d 试验证明，恒定电流情况下，充分循环后中试系统中银离子浓度可以稳定增长；变电流情况下，银离子释放量也可稳定增长。

3. 调试银离子消毒装置

1）系统充满水，启动系统循环泵。

2）设定银离子灭菌装置电流、电压。

3）根据公式计算，要使系统内达到 0.05mg/L 浓度的银离子，需银离子灭菌装置工作 12min。根据计算公式（5.3-4），校正 50% 的误差计算可知，实际银离子灭菌装置工作 6min，系统内银离子浓度即可达到 0.05mg/L。

4）开启银离子灭菌装置，在 6min、12min、25min、35min、45min、60min、80min、90min、100min、120min、140min、160min、180min、185min、195min、210min，分别在采样口 a 和采样口 b 处取样检测银离子浓度。

自开启银离子消毒装置起计时。初始每隔 6min 取样，之后隔 10min 取样，在之后隔 20min 取样，详见表 5.3-8，共在 17 个时间点处取样，每个时间点分别在采样口 a、b 处无菌操作取样检测银离子浓度。

表 5.3-7　银离子释放情况实验（单罐运行 $V=1.031m^3$）

8 月 29 日

序号	电流强度 (mA)	电极电压 (V)	发生器工作时间 (s)	循环时间 (min)	银离子浓度（理论值） (mg/L)	关闭发生器后		循环一次完成后	
						银离子浓度（发生器后 B 点）	银离子浓度（水罐出口 A 点）	银离子浓度（发生器后 B 点）	银离子浓度（水罐出口 A 点）
1	0	0	0	0	0	0	0	0	0
2	100	9.8	47	30	0.005065201	0.131	0.137	0	0.183
3	100	9.8	47	30	0.010130402	0	0	0	0.046
4	100	9.8	93	30	0.020153034	0	0.536	0.056	0
5	100	9.8	93	30	0.030175665	0.341	0.601	0.488	0.566
6	100	9.8	93	30	0.040198297	0.152	0.535	0	0.7/0.607/0.445
7	100	9.8	93	30	0.050220929	0	0	0	0
8	120	10.8	30	45	0.054100657	0.244	0.302		

8 月 30 日

8：20 开始，打开循环泵循环 2h 后取样

序号	电流强度 (mA)	电极电压 (V)	发生器工作时间 (s)	循环时间 (min)	银离子浓度（理论值） (mg/L)	关闭发生器后		每循环一次完成后	
						银离子浓度（发生器后 B 点）	银离子浓度（水罐出口 A 点）	银离子浓度（发生器后 B 点）	银离子浓度（水罐出口 A 点）
1	0	0	0	120	0.054100657				0.084
2	120	10.8	120	60	0.069619571	0.073	0.077	0.059	0.089
3	120	10.8	120	90	0.085138485	0.148	0.074	0.079	0.096
4	120	10.8	120	90	0.100657398	0.162	0.106	0.101	0.088
5	120	10.8	120	90	0.116176312	0.167	0.097	0.105	0.106
6	160	13	120	30	0.13686197	0.111	0.115	0.111	0.105

续表 5.3-7

序号	电流强度 (mA)	电极电压 (V)	发生器工作时间 (s)	循环时间 (min)	银离子浓度 (理论值) (mg/L)	关闭发生器后		每循环一次完成后	
						银离子浓度 (发生器后 B 点)	银离子浓度 (水罐出口 A 点)	银离子浓度 (发生器后 B 点)	银离子浓度 (水罐出口 A 点)
8月31日									
	30 日 160mA，循环 60min，静置，31 日，没循环的情况下取下的样								
					0.136868197			0.074	0.047
	200	16.4	120	30	0.162733053			0.084	0.07
				30	0.162733053	0.106	0.085	0.063	0.088
				30	0.162733053			0.069	0.091
	240	18.7	120	30	0.19377088			0.134	0.088
				30	0.19377088	0.24	0.137	0.124	0.096
				30	0.19377088			0.138	0.079
	260	19.5	120	30	0.227395193			0.175	0.116
				30	0.227395193	0.226	0.264	0.191	0.257
				30	0.227395193			0.208	0.212
				30	0.227395193			0.233	0.212
9月1日									
	静止 20h 后，水样温度 23℃							0.208/0.199	0.144/0.155
	再循环 90min 后，水样温度 23℃							0.170/0.191	0.199/0.216

采样时间为20min时，采样检测银离子浓度结果显示，平均银离子浓度为0.09mg/L，计时25min时采样检测银离子浓度结果显示，平均银离子浓度为0.07mg/L，之后随水样的循环混合，系统内银离子浓度逐渐达到稳定，系统内银离子浓度维持在0.06mg/L～0.07mg/L，如表5.3-8所示。

表5.3-8　银离子灭菌装置释放浓度及工作时间调试结果

采样时间 （min）	采样口 a 银离子浓度 （mg/L）	采样口 b 银离子浓度 （mg/L）	平均银离子浓度 （mg/L）
6	0.01	0.02	0.015
12	0.01	0.04	0.025
20	0.07	0.11	0.09
25	0.08	0.06	0.07
35	0.09	0.09	0.09
45	0.03	0.08	0.055
60	0.04	0.07	0.055
80	0.07	0.03	0.05
90	0.04	0.04	0.04
100	0.07	0.03	0.05
120	0.06	0.07	0.065
140	0.07	0.07	0.07
160	0.06	0.06	0.06
180	0.08	0.06	0.07
185	0.01	0.07	0.04
195	0.06	0.06	0.06
210	0.07	0.06	0.065

4. 灭活军团菌试验

1）试验流程

（1）调试检查系统：清洗中试系统，将系统管道和水罐充满水，运行循环泵，调节水泵流量和扬程（控制水泵流量为5m³/h，根据特性曲线一挡扬程为8.8m，二挡扬程为10.2m，三挡扬程为12.6m）。打开水罐温控器，设定控制温度为35℃（流速约为0.61m/s）。

（2）冲洗系统：将系统内充满水，调节管道阀门，使水流可流经银离子消毒装置。调试银离子消毒装置，电压为220V，设定固定电流。打开温度控制器、循环泵、银离子消毒装置（设置时控器，使其定时关闭）。水流流经银离子消毒装置，在循环泵的作用下，含银离子的水流在管道系统内循环，同时使银离子混合均匀。

（3）系统准备：冲洗系统后对系统进行注水，打开温控器、循环泵，循环加热水罐内水温达到37℃，分别从a、b两个采样点采集水样，检测灭菌前系统内微生物数量。

（4）加入菌悬液：加入均须按也前需关闭循环泵。配置军团菌悬液，打开取样点a口，取1L水罐水（不含银离子）。用所取1L水用来稀释军团菌悬液，将稀释后悬液从加药口处加到水罐内，关闭加药口，启动循环泵。

（5）混合菌悬液：开启循环泵，系统水流在循环泵作用，经由管道系统和水罐内布水器循环混合 60min，充分的混合在管道系统内的军团菌悬液。

（6）银离子消毒装置准备：调节管道阀门，使水流可流经银离子消毒装置。调试银离子消毒装置，设定电流、电压，打开银离子消毒装置。水流流经银离子消毒装置，在循环泵的作用下含银离子的水流在管道系统内循环同时使银离子混合均匀。定时采样检测银离子浓度，当系统中银离子浓度达到 0.10 mg/L 左右，关闭银离子消毒装置，调解中试系统阀门，使系统水流不流经银离子消毒装置。

（7）灭菌试验：自银离子消毒装置开启时计时，按试验计划，在规定时间点分别从 a、b 两个采样点无菌操作采集水样。水样 3℃～5℃保温，3h 内带回实验室进行微生物分析。

（8）废液处理：由于检测工作的滞后性及出于对排水安全的考虑，对系统试验后含有致病菌的水，加氯消毒后排放市政排水管网。

2）军团菌灭活试验分析

（1）中试系统添加军团菌浓度的选择：实验室小试试验研究显示，银离子灭军团菌菌所选用军团菌浓度在 10^4～10^5 cfu/mL 的数量级范围。韩铁军等人采用银离子消毒剂对浓度为 $2.58×10^4$ cfu/mL 军团菌的进行灭活试验，复旦大学附属中山医院周昭彦等人建立中试循环输水管道系统，模拟医院供水系统，投加菌悬液中含军团菌浓度为 $5.6×10^5$ cfu/mL。陶黎黎等人对上海市 8 所医院供水系统军团菌属污染的调查显示，在 83 份阳性水样中，63 份（75.9％）的水样军团菌属浓度＞10^3 cfu/L，更有 26.5％的阳性水样中军团菌属浓度＞10^4 cfu/L。可见被军团菌污染的供水管网中，军团菌浓度一般保持在＞10^3 cfu/L（即约＞10^1 cfu/mL）。

结合试验研究所选用军团菌悬液浓度和实际工程中管网常见军团菌浓度综合考虑，本试验模拟生活热水中试系统被军团菌定植污染的实际情况，采用城市给水作为基础水源，配制 $2.3×10^3$ cfu/mL 的军团菌悬液，从加药口处向水罐内投加。经过循环水泵混合 30min 后，水罐内军团菌平均浓度为 $1.2×10^3$ cfu /mL。

（2）银离子浓度选择：本次试验旨在选用高于我国《生活饮用水卫生标准》GB 5749—2006 中对银离子浓度的限值为 0.05mg/L，低于美国环保部建议的银离子浓度 0.10mg/L 的银离子浓度进行灭活试验。

中试系统对银离子消毒装置进行调试测试之后，经过 2 次完全循环冲洗之后开始银离子灭活军团菌试验。结合调试银离子消毒装置经验（消毒装置运行 24min 关闭，管道系统混合后银离子浓度为 0.09mg/L）试验初始银离子消毒装置开启 24min 后关闭。此时检测系统内银离子浓度为 0.11 mg/L。结合后期试验，笔者分析，相同运行时间水中银离子变高，是由于新建系统采用不锈钢材质对水中银离子有吸附作用。

（3）温度选择：35℃为军团菌的最佳存活温度，为考察银离子在军团菌最活跃时期对军团菌的灭活效果，本次试验将水温设定为 35℃。

（4）试验结果：由于军团菌具有致病性，所以本次试验军团菌的检测工作委托疾病预防与控制中心进行检测。

自银离子发生器开启时计时，分别在灭活开始后的第 6、12、18、24、35、60、80、120 、160、180 和 210 min 时进行取样，4℃左右保存样品 3h 内送达实验室进行军团菌数量检测。

当银离子灭活作用 6min 时，军团菌浓度由 1.2×10^3 cfu/mL 降低至 9.15×10^2 cfu/mL，即降低了一个数量级，可见银离子对军团菌的灭活作用显著、快速；灭活作用 6min 以后到 35min 期间，随着热水循环泵的循环，银离子在系统内与军团菌充分的混合作用，是银离子对军团菌灭活作用的反应期，军团菌浓度呈现出在小幅度稳定下降趋势。

投加的银离子需要通过循环管道在水罐内逐步混合，因此在灭活过程的 6～160min 内，军团菌的灭活率都不高，仅为 23.75%～62.50%，但是在此过程中，0～35min 的灭活率呈快速增长趋势，可见最初军团菌对银离子的灭活作用，有很敏感的反应；但随后 35min～160min 期间，银离子与军团菌出现僵持局面，灭菌率缓慢增长；在灭活 180min 后，军团菌的灭活率有显著提高，达到了 93.33%～99.92%，灭活效果非常显著，如见图 5.3-8 银离子灭活军团菌试验。

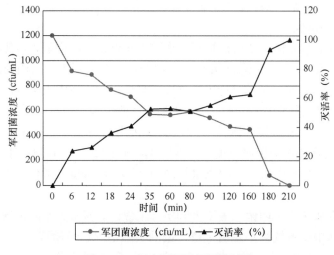

图 5.3-8　银离子灭活军团菌试验

韩铁军等人在实验室采用 0.04mg/L 银离子对浓度为 2.53×10^4 cfu/mL 的军团菌进行小试实验，消毒时间在 90min 以上时，灭活率大于 99%。韩铁军等人的烧杯试验相对比，中试系统试验伴随着银离子投加和军团菌灭活的过程使得银离子在灭活时间上具有滞后性。在灭活时间达到 210min 后，军团菌灭活率达到了 99.92%。可见，在实际热水系统的银离子灭活军团菌过程中，需要更长的接触时间才能对军团菌进行有效地灭活。在设计中应根据热水系统的循环时间、银离子消毒装置运行时间等参数来确定消毒时间。

5.3.6　银离子灭活细菌总数试验

水中存在细菌的总数量与水体被微生物污染的程度相关，因此经常将细菌总数视为评价水体污染程度的重要指标之一，即细菌总数值越高，水体受污染的程度越严重。部分氯消毒作用后活力降低的细菌，可以在含氯较低的管网中进行自我修复，重新生长。尤其是含细菌给水进入热水系统后，温度在一定范围内的升高会导致生化反应活化能降低，细菌生长繁殖速率加快，微生物污染风险增大。因此本试验以细菌总数作为主要评判指标之一。通过检测细菌总数在银离子作用下的变化规律，发现银离子灭菌的基本规律。

1. 试验流程

1）调试检查系统：同灭活军团菌实验（1）；

2）冲洗系统：同灭活军团菌实验（2）；

3）系统准备：冲洗系统后对系统进行注水，打开温控器、循环泵，循环加热水罐内水温达到35℃，分别从a、b两个采样点采集水样，检测灭菌前系统内微生物数量；

4）银离子消毒装置准备：同灭活军团菌实验（6）；

5）灭菌试验：同灭活军团菌实验（7）；

6）废液处理：同灭活军团菌实验（8）。

2. 灭菌效果

本组试验旨在考察接近实际工程现状的受二次污染的水质条件，通过银离子消毒装置进行系统消毒的效果。参考《生活饮用水卫生标准》GB 5749—2006标准要求，控制银离子浓度为0.05mg/L。但实际操作无法将系统内银离子精确控制为0.05mg/L，根据试验系统水量及银离子消毒装置的银离子释放量确定其运行时间为20min，实际试验过程中银离子浓度处于0.05mg/L～0.06mg/L之间，见表5.3-9。

表5.3-9　银离子灭活细菌总数试验

灭活时间 （min）	温度 （℃）	银离子浓度 （mg/L）	细菌总数	
			（cfu/mL）	灭活率％
0	24	0	1.75×10^3	0
0	35	0	1.4×10^3	20.000
35	35	0.05	1.5×10^2	89.286
80	35	0.05	50	96.429
120	35	0.05	55	96.071
180	35	0.06	30	97.857

原水中细菌总数为1.75×10^3cfu/mL，对管道系统加热升温至35℃时细菌总数降低至1.4×10^3cfu/mL，表明加热对水中细菌有一定的灭活作用。但35℃水温时部分嗜热细菌仍会存活繁殖，因此热消毒需将温度升高至60℃～70℃，才能达到有效的灭菌作用。实验结果如表5.4-7所示。

对于35℃热水，银离子灭活作用35min时，细菌总数灭活率达89.29％；灭活80min后，系统内细菌总数小于100cfu/mL，灭活率达96.43％；灭活180min后，灭活率达97.86％，如图5.3-9所示。银离子灭活作用80min后，中试系统中水质即达到我国饮用水水质标准。与银离子灭活军团菌的效果相比可知，普通细菌对银离子的灭活作用更加敏感。

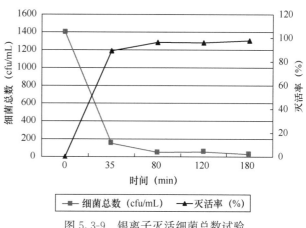

图5.3-9　银离子灭活细菌总数试验

温度是影响银离子灭菌效果的重要影响因素，高温抑制细菌在管道系统内的生存繁殖，有利于银离子的消毒灭菌作用。为了更好地检验银离子的灭菌效果，采用24℃常温低细菌数水进行对比试验。

中试系统注水冲洗两次，将水罐内充满实验用水并静置两天，细菌总数为1.3×10^2 cfu/mL，原水细菌总数为2.0×10^2 cfu/mL，此时检测到水中银离子浓度为0.03mg/L。可见，在投加银离子消毒时，有一定量的银离子附着在管壁和罐壁上，经多次冲洗管壁和罐壁上仍有残留，残存银离子会不断向水中释放。

由于系统静置两天，系统内菌落分布不均匀。系统启动运行后，在循环泵的作用下，系统内水进行循环混合，各种细菌在系统内重新均匀分布。系统运行初期6min~18min期间，总细菌数维持1.6×10^2 cfu/mL左右。由表5.3-10可知，银离子灭活24min~40min，总细菌数维持100cfu/mL左右，由于初始浓度低，所以计算得到的灭活率较低。灭活40min后，总细菌数从1.3×10^2 cfu/mL降低至1.0×10^2 cfu/mL，灭菌率为23.08%；灭活80min后，总细菌数降低至50cfu/mL，灭活率达61.54%，符合我国饮用水水质标准；灭活120min后，细菌总数均低于10cfu/mL。

表5.3-10 银离子灭活总细菌数对比试验

条件参数		理化指标			微生物指标	
样品名	取样时间	银离子浓度（mg/L）		温度	细菌总数（cfu/mL）	
		a（水罐水）	b（管道水）		结果	灭菌率（%）
东院原水	—	—	—	24	2.0×10^2	—
水罐原水	—	0.03	0.02	24	1.3×10^2	0
银离子灭菌实验	6min	0.03	0.08	24	1.5×10^2	0
	12min	0.04	0.09	24	1.8×10^2	0
	18min	0.06	0.08	24	1.6×10^2	0
	24min	0.06	0.07	24	1.1×10^2	15.38
	30min	0.08	0.07	24	1.2×10^2	7.69
	35min	0.07	0.07	24	1.0×10^2	23.08
	40min	0.07	0.07	24	1.0×10^2	23.08
	45min	0.07	0.07	24	60	60
	50min	0.07	0.07	24	80	38.46
	60min	0.07	0.07	24	30	76.92
	70min	0.07	0.07	24	60	53.85
	80min	0.07	0.07	24	50	61.54
	90min	0.07	0.07	24	60	53.85
	120min	0.07	0.07	24	10	92.31
	150min	0.07	0.07	24	10	92.31
	180min	0.07	0.07	24	3	97.69

对比试验与 35℃热水条件下银离子灭菌试验相比，80min 后细菌总数均降低至50cfu/mL。可见，尽管初始细菌总数有较大差异，但是灭活作用持续 80min 后，都能达到较好的灭菌效果。银离子对细菌总数的灭活规律是类似的，基本保持水中总细菌数低于50cfu/mL，满足我国饮用水水质标准。

温度对细菌总数的灭活速度有很大影响，35℃热水比 24℃常温水的灭菌速度快很多，水温升高更有利于普通细菌的灭杀。

另外，对比试验与 35℃热水条件下银离子灭菌试验结果均显示，银离子灭活作用120min～180min 期间，水中总细菌数持续低于 50cfu/mL，可见银离子对循环管道系统中细菌总数的灭活效果具有持续性。

5.3.7 银离子灭活异养菌试验

异养菌是以有机物作为能源和碳源的一大类微生物。异养菌总数随水中有机物浓度的升高而升高，可间接反映水中有机物的污染程度及水的净化程度。

1. 试验流程

1）调试检查系统：同灭活军团菌实验（1）。

2）冲洗系统：同灭活军团菌实验（2）。

3）系统准备：冲洗系统后对系统进行注水，打开温控器、循环泵，循环加热水罐内水温达到 35℃，分别从 a、b 两个采样点采集水样，检测灭菌前系统内微生物数量。使系统满水状态静置两天。

4）银离子消毒装置准备：同灭活军团菌实验（6）。

5）灭菌试验：同灭活军团菌实验（7）。

6）废液处理：同灭活军团菌实验（8）。

2. 灭菌效果

本次试验水罐内初始水源为自来水，水中异养菌浓度为 1.0×10^3 cfu/mL。中试系统满水静置两天后，水罐内异养菌浓度下降到 1.4×10^2 cfu/mL。检测水中银离子浓度为0.03mg/L。同上分析，管壁或管壁上附着有银离子，系统注水后，银离子对系统内异养菌起到了灭活作用。

开启银离子灭菌装置，对中试系统继续释放银离子，控制银离子浓度为 0.07mg/L，根据试验系统水量及银离子消毒装置的银离子释放量，确定其运行时间为 24min。实验结果如表 5.4-9 所示。

由表 5.3-11 可知，灭活 12min 后，异养菌数量从 1.4×10^2 cfu/mL 迅速降低至不可检出。在灭活 12min～180min 期间，异养菌数在 0～400cfu/mL 范围内变化，平均灭活率达85.71％。我国饮用水水质标准中没有对异养菌明确规定限值，美国环保局规定的 HPC标准限值为 500cfu/mL。本次试验银离子灭菌 12min 以后，水中的异养菌指标达到美国环保局的限值要求。可见，银离子对异养菌也有非常显著的灭活效果，进一步验证了银离子具有广谱灭杀水中各类细菌的作用。

5.3.8 生活热水银离子灭菌试验结论

本研究建立了管道模拟热水循环系统的中试系统，进行了银离子灭活军团菌、细菌总数和异养菌的试验，同时对某高校沐浴水的 AOC 调查分析，得出以下结论：

表 5.3-11　银离子灭活异养菌试验

条件参数		理化指标			微生物指标
样品名	取样时间	银离子浓度（mg/L）		温度	异养菌（cfu/mL）
		a（水罐水）	b（管道水）		结果
自来水	—			24	$1.0×10^3$
水罐原水	—	0.03	0.02	24	$1.4×10^2$
银离子灭菌实验	6min	0.03	0.08	24	$9.0×10^2$
	12min	0.04	0.09	24	0
	18min	0.06	0.08	24	0
	24min	0.06	0.07	24	$2.0×10^2$
	30min	0.08	0.07	24	0
	35min	0.07	0.07	24	0
	40min	0.07	0.07	24	0
	45min	0.07	0.07	24	0
	50min	0.07	0.07	24	0
	60min	0.07	0.07	24	$2.0×10^2$
	70min	0.07	0.07	24	$3.0×10^2$
	80min	0.07	0.07	24	$1.0×10^2$
	90min	0.07	0.07	24	$1.0×10^2$
	120min	0.07	0.07	24	$2.0×10^2$
	150min	0.07	0.07	24	$4.0×10^2$
	180min	0.07	0.07	24	0

（1）本试验用水为二次供水，水中杂菌数达 $1.4×10^3$ cfu/mL，在银离子浓度为 0.10mg/L 下灭活 210min 后，灭活率可达 99.92%，达到了世界卫生组织规定每 100mL 水中军团菌数小于 1cfu 的要求，但是不满足 NSF/ANSI50—2010 标准产品的灭菌要求。在银离子浓度为 0.05mg/L～0.07mg/L 下灭活 180min 后，细菌总数和异养菌的灭活率分别达到 97.86% 和 85.71%。银离子对细菌总数和异养菌的灭活规律基本一致，满足《生活饮用水卫生标准》GB 5749—2006 标准，表明银离子具有广谱灭杀各类细菌的作用，灭活效果显著。对 35℃ 热水中军团菌的灭活试验结果表明，在银离子浓度为 0.10mg/L 灭活 210min 时，灭活率可达 99.92%，满足我国《生活饮用水卫生标准》GB 5749—2006 标准，也达到了世界卫生组织规定每 100mL 水中军团菌数小于 1cfu 的要求，可见银离子对军团菌具有显著的效果。

（2）试验过程中发现银离子有附着在水罐内壁和管壁上的现象，有利于热水管道系统保持持续消毒效果。对新建管网使用银离子灭菌，部分银离子附着在管壁上，可降低生物膜形成的风险或延长生物膜形成的时间。

（3）AOC 能更好地反映饮用水的生物稳定性指标，而管网中的异养菌与 AOC 具有相关性。本课题热水循环系统中的平均异养菌数为 $1.14×10^4$ cfu/mL，自来水中异养菌 $1.1×10^3$ cfu/mL。采得 21℃ 自来水水样，AOC 值为 $78μg/L$，水质生物稳定性较高。三个浴室采得 35℃～38℃ 热水水样中有一个水样检测 AOC 值为 $62μg/L$，其他两个水样在 AOC 值为 $232μg/L$ 和 $113×10^2μg/L$，可见热水中微生物繁殖再生长的可能性较高。温度是影响管网中细菌再生长的关键因素，温度升高，AOC 会有增加，可见生活热水存在生物稳定性问题。

（4）目前我国亟需建立生活热水系统水质安全保障制度。国际上已有比较完善的军团菌监测机构，而我国目前尚未建立监测军团菌病的系统和政策。虽然2003我国颁布了第一个与军团菌病防治有关的指导文件，但是与国际现状相比，还需建立军团菌的监测系统，采取防治军团菌的措施。结合生活热水的军团菌消毒技术、生活热水系统维护管理法规、生活热水系统军团菌爆发应急措施等，形成生活热水水质监测办法和《生活热水水质标准》，建立关于防治军团菌的生活热水系统卫生管理体系。

5.3.9 银离子灭菌装置的应用

银离子消毒器设有两种类型：1）不带系统循环泵为SID型；2）带系统循环泵为JC-SID型。

（1）SID型构造示意见图5.3-10。

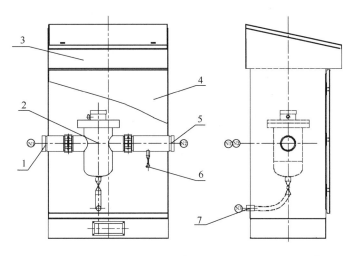

图5.3-10 SID型银离子消毒器构造示意

1—进水口；2—银离子发生器本体；3—控制模块；4—箱体；5—出水口；6—取样口；7—排污口

（2）工作原理：银离子消毒器主要由银离子发生器本体、智能控制器、管道接口及箱体等组成；发生器加满水，设备通电，智能控制器精准控制产生可调恒电流，恒电流作用在发生器内的银电极上，使银电极释放一定浓度的银离子，来消灭水及管道、容器、附件等内壁繁殖的细菌，尤其军团菌，达到给二次生活热水及热水系统消毒的目的。

（3）技术参数见表5.3-12。

表5.3-12 银离子消毒器技术参数表

	型号 参数	SID型	JC-SID型
控制器	输入电压（V）	AC 220V（50Hz）	AC 380V（50Hz）
	输出电压（V）	DC 24V（可变）	DC 24V（可变）
	输出电流（mA）	0～350	0～350
	消耗功率（w）	≤30	≤30
发生器本体	设计压力（MPa）	1.6/2.5	1.6/2.5
	设计温度（℃）	80	80
	材质	S31603（SUS316L）	S31603（SUS316L）
	压头损失（kPa）	≤5	≤5

（4）选型参数见表5.3-13。

表5.3-13 银离子消毒器选型参数表

参数 类型	系统容积 （m³）	设计压力 （MPa）
SID-5	≤5	1.6
SID-10	5～10	1.6
SID-15	10～15	1.6
SID-20	15～20	1.6

注：①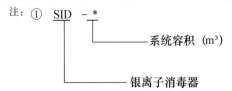

标记示例：SID-5银离子消毒器，设备自身不带系统循环泵，适用系统容积5m³。

②

标记示例：JC-SID-5集成式热水消毒装置，设备自带系统循环泵，适用系统容积5m³。

③ 表中"系统容积"指系统中水加热器设备容积加管道容积。

④ 系统设计压力大于1.6MPa时，订货时注明。

（5）SID型外形尺寸见图5.3-11、表5.3-14。

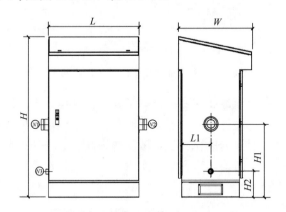

图5.3-11 SID银离子消毒器外形

表5.3-14 SID银离子消毒器外形尺寸表

参数 型号	系统容积 （m³）	长×宽×高 $L \times W \times H$ （mm）	总重 （kg）	$N1$	$N2$	$N3$	$H1$	$H2$	$L1$
SID-5	≤5	600×480×1110	40	DN50	DN50	DN15	450	150	200
SID-10	5～10	600×480×1110	40	DN50	DN50	DN15	450	150	200
SID-15	10～15	600×480×1110	42	DN65	DN65	DN20	470	150	200
SID-20	15～20	600×480×1110	42	DN65	DN65	DN20	470	150	200

（6）JC-SID 型 集成式银离子消毒器

JC-SID 集成式银离子消毒器由银离子消毒器、系统循环泵、膨胀罐、控制箱、温度传感器、配套仪表、连接管道、阀门等组成，其外形见图 5.3-12。

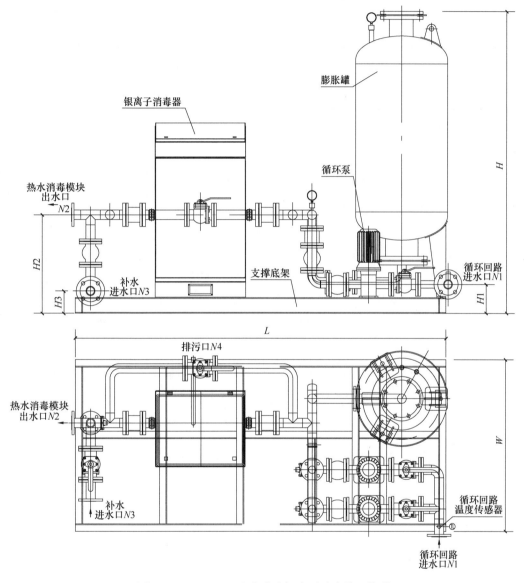

图 5.3-12 JC-SID 型 集成式银离子消毒装置外形

（7）JC-SID 型 集成式银离子消毒装置选型见表 5.3-15。

表 5.3-15 JC-SID 型 集成式银离子消毒装置

参数 型号	系统容积 （m³）	设计压力 （MPa）	循环泵			膨胀罐全容积/直径 （L/mm/mm）
			流量 （m³/h）	扬程 （m）	功率 （kW）	
SID-5	5	1.6	≤2	5～8	0.37	130/φ400/1495
SID-10	10	1.6	>2～4	5～10	0.37	340/φ600/1795

参数 型号	系统容积 (m³)	设计压力 (MPa)	循环泵			膨胀罐全容积/直径 (L/mm/mm)
			流量 (m³/h)	扬程 (m)	功率 (kW)	
SID-15	15	1.6	>4~6	8~12	0.55	500/φ700/1885
SID-20	20	1.6	>6~8	10~15	0.75	800/φ800/2340

（8）JC-SID 型 集成式银离子消毒装置选型外形尺寸见表 5.3-16。

表 5.3-16 JC-SID 型集成式银离子消毒装置选型外形尺寸

尺寸 型号	D1	D2	D3	D4	H1	H2	H3	L×W×H
JC-SID-5	DN32	DN50	DN50	DN15	165	550	145	2200×1000×1615
JC-SID-10	DN40	DN65	DN65	DN15	165	550	145	2450×1100×1915
JC-SID-15	DN50	DN80	DN80	DN20	195	630	175	2550×1200×2085
JC-SID-20	DN60	DN100	DN100	DN20	195	630	175	2700×1300×2570

（9）设有银离子消毒器的循环系统，循环泵运行应符合下列要求：

① 每日 6：00～24：00，循环泵由回水总管的温度传感器根据设定温度控制启停。

② 每日 0：00～6：00，循环泵由银离子消毒器控制模块根据系统容量、工作电流、银离子浓度设定运行程序控制运行，运行程序由产品商依据系统工况设定。

5.4 AOT 紫外线光催化二氧化钛装置灭菌效果的验证与应用

5.4.1 紫外光催化二氧化钛（AOT）作用机理及介绍

1. 作用机理

将 TiO_2 光催化剂负载在金属 Ti 表面组成的光催化膜（TiO_2/Ti）固定在紫外光源周围。光催化膜（TiO_2/Ti）在紫外灯的照射下，产生羟基自由基·OH，产生的羟基自由基·OH 碰撞微生物表面，夺取微生物表面的一个氢原子，被夺取氢原子的微生物结构被破坏后分解死亡，羟基自由基在夺取氢原子之后变成水分子，不会对环境产生危害。

2. 产品外观（图 5.4-1）

图 5.4-1 带传感器双根 AOT

3. 技术参数

最大水处理量：5m³/h；

每根紫外灯管（低压）：42W；

电源：交流电200V～240V，50Hz和60Hz；

最大操作压力：10bar；

降压：0.2bar；

水温：5℃～70℃；

防护等级（IP）：65；

接口：G1″（25mm）；

主体：二类钛合金。

5.4.2 军团菌的测试流程

试验前一天将图5.4-2中800L水罐灌满市政供水，试验当天向水罐内人工投加嗜肺军团菌原菌，军团菌浓度为$8.4×10^4$cfu/mL，试验过程见表5.4-1。

表5.4-1 AOT高级氧化光催化灭菌系统军团菌试验计划流程

试验时间安排	序号	试验内容	试验操作	试验步骤	备注
提前两天	1	系统注水	水罐和管道内注满地下水	打开进水阀，开启循环阀门，关闭泄水阀门	冲洗管道系统
	2	调试系统	确保没有漏水，泵、取样口正常运行	调节水泵流量到最大	
	3	管道冲洗	将系统装满水后放置漂洗	打开进水阀，开启循环阀门，关闭泄水阀门	漂洗后从泄水口泄水
提前一天	1	系统注水	水管和管道内注满自来水	打开进水阀，开启循环阀门，关闭泄水阀门	循环
试验当天	1	清洗仪器	清洗紫外线石英套筒	将石英套筒从反应器中旋出	在反应器外擦拭套筒，安装时不要把石英套筒拧得太紧
				用酒精擦拭石英套筒	
	2	运行系统	开启水泵，关闭泄水阀门		混匀管道水，测水中余氯量
	3	设备预热	将AOT装置启动，等待AOT紫外强度升至15mw/cm²（10min左右）		保证AOT内充满水
	4	添加菌种	罐内添加军团菌		循环15min使菌体均匀分布于管道内（CDC）
	5	循环水罐	开启水罐旁通管阀门，关闭其余阀门		
	6	设备运行	关闭水罐旁通管阀门，开启泄水和AOT两端阀门，开启水泵		（CDC）

试验时间安排	序号	试验内容	试验操作	试验步骤	备注
试验当天	7	灭菌取样，排放处理水	系统流量调整到 3.3m³/h 取样	从流量调整到 3.3m³/h 开始计时，分别在 2.5、5 和 7.5min 时，从 AOT 取样口取样	取样时将酒精灯放于取样口附近以防外界污染，处理后水样进入二号水罐内（CDC）
			系统流量调整到 2.7m³/h 取样	从流量调整到 2.7m³/h 开始计时，分别在 2.5、5 和 7.5min 时，从 AOT 取样口取样	
			系统流量调整到 2.1m³/h 取样	从流量调整到 2.1m³/h 开始计时，分别在 2.5、5 和 7.5min 时，从 AOT 取样口取样	
			系统流量调整到 1.8m³/h 取样	从流量调整到 1.8m³/h 开始计时，分别在 2.5、5 和 7.5min 时，从 AOT 取样口取样	
			系统流量调整到 1.2m³/h 取样	从流量调整到 1.2m³/h 开始计时，分别在 2.5、5 和 7.5min 时，从 AOT 取样口取样	

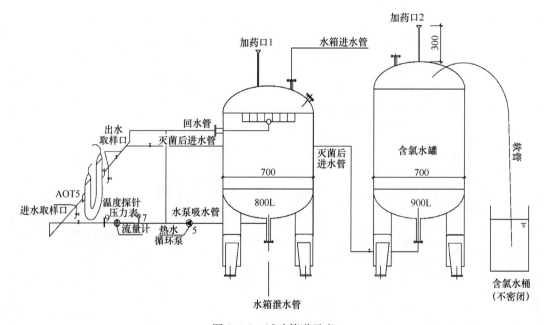

图 5.4-2　试验管道示意

5.4.3　军团菌的测试工作

1. 三月份工作

3 月 19 号，课题组与 CDC 一起进行了 AOT 灭杀军团菌的第一次试验，课题组取未投加军团菌的原水进行水样常规指标分析（表 5.4-2、表 5.4-3）和微生物指标分析（表

5.4-4），CDC取投加军团菌后的原水以及灭杀后的水样进行军团菌指标分析。试验所用流量和取样时间见表 5.4-5。试验时 AOT 的紫外辐照强度为 $13.9mw/cm^2$。

表 5.4-2 未投加军团菌的原水常规指标

原水指标（刚加入的原水）					
UV_{254}	浊度	COD	水温	碱度（$CaCO_3$）	Ca 硬度（$CaCO_3$）
0.014A	3.18NTU	0.80mg/L	10℃	200mg/L	0.50mg/L
Mg 硬度（$CaCO_3$）	pH 值	氯化物	余氯	溶解氧	电导率
0.11mg/L	7.6	3.1mg/L	0.12mg/L	6.41mg/L	689μs/cm

表 5.4-3 未投加军团菌的原水常规指标

原水指标（循环一天后的原水）					
UV_{254}	浊度	COD	水温	碱度（$CaCO_3$）	Ca 硬度（$CaCO_3$）
0.015A	2.74NTU	0.75mg/L	12℃	175mg/L	0.59mg/L
Mg 硬度（以 $CaCO_3$ 计）	pH 值	氯化物	余氯	溶解氧	电导率
0.06mg/L	7.5	3.7mg/L	0.13mg/L	8.96mg/L	694μs/cm

表 5.4-4 未投加军团菌的原水微生物指标

细菌种类	细菌总数（37℃）（cfu/mL）	异养菌（22℃）（cfu/mL）
细菌数量	120	1000

表 5.4-5 灭活异养菌和细菌总数试验系统流量及取样时间

流量（m^3/h）	时间（从开始计时，min）
2.1	2.5，5，7.5
1.8	2.5，5，7.5
1.2	2.5，5，7.5

2. 三月份军团菌试验结果

经 CDC 培养，发现经过 AOT 处理后的军团菌的数量全为 0cfu/ml，对于这个结果，考虑可能是由于 AOT 的实际处理能力能够灭杀管道水体内的全部军团菌，也可能是由于通过 AOT 的流量较小。因为没有得到数据，经过与 CDC 商议，课题组决定对系统管道和试验方案进行改进，进行第二次 AOT 灭杀军团菌的试验。

3. 五月份工作

经过与 CDC 方面的商议，课题组决定对管道系统和试验方案进行以下修改：

1）考虑到醋酸有可能对军团菌有灭杀作用，将擦拭紫外灯管石英套管的醋酸换成酒精。

2）考虑到第一次试验流量可能过小，决定更换流量更大的水泵，减少水样在 AOT 内的接触时间，并减少取样时间。

3）考虑到罐内水样可能余氯量太大，可能灭杀水体内的军团菌，在第二次试验前检测水中的余氯含量。

定下了修改的方向，首先课题组进行了新水泵的选择，重新挑选了格兰富的一款热水管道循环水泵，北京万泉压力容器厂对新的水泵进行了安装和调试工作，经实际运行后，通过 AOT 的试验管道线路的实际最大流量为 $3.3m^3/h$。在此基础上，课题组决定将试验的流量和取样时间进行修改，见表5.4-6。

表5.4-6 安装新水泵后灭活军团菌试验的流量和取样时间

试验流量	取样时间
系统流量调整到 $3.3m^3/h$	从流量调整到 $3.3m^3/h$ 开始计时，分别在 1.5、3 和 4.5min 时，从 AOT 取样口取样
系统流量调整到 $2.7m^3/h$	从流量调整到 $2.7m^3/h$ 开始计时，分别在 1.5、3 和 4.5min 时，从 AOT 取样口取样
系统流量调整到 $2.1m^3/h$	从流量调整到 $2.1m^3/h$ 开始计时，分别在 1.5、3 和 4.5min 时，从 AOT 取样口取样

5月14号，课题组同 CDC 进行了第二次 AOT 灭杀军团菌的工作，课题组取未投加军团菌的原水进行水样常规指标分析（表5.4-7）和微生物指标分析（表5.4-8），CDC 取投加军团菌后的原水以及灭杀后的水样进行军团菌指标的分析。试验时 AOT 的紫外辐照强度为 $14.5mW/cm^2$。

表5.4-7 未投加军团菌的原水常规指标

UV_{254}	浊度	COD	水温	碱度（$CaCO_3$）	Ca 硬度（$CaCO_3$）
0.008A	2.56NTU	1.03mg/L	18℃	185mg/L	0.45mg/L
Mg 硬度（$CaCO_3$）	pH 值	氯化物	余氯	溶解氧	电导率
0.19mg/L	7.89	3.3mg/L	0.09mg/L	6.73mg/L	910μs/cm

表5.4-8 未投加军团菌的原水微生物指标

细菌种类	细菌总数（37℃）（cfu/mL）	异养菌（22℃）（cfu/mL）
细菌数量	1.65×10^4	1.5×10^5

4. 五月份军团菌试验结果

经 CDC 培养，初始浓度为 8.4×10^4cfu/mL，发现经过 AOT 处理后的军团菌数量大部分为 0cfu/mL，只有 $3.3m^3/h$ 的一个培养皿生长出了军团菌，数量为 1cfu/mL。对于这个结果，认为已经完全达到了我国饮用水中军团菌的限制要求。

5. 细菌总数和异养菌

1）选择细菌总数和异养菌指标的原因

长期以来，国内多采用异养菌平板计数法（Heterotrophic Plate Counts，HPC）和最大自然数法（Most Probable Number，MPN）来测定饮用水中的活菌数，作为评价饮用水管网生物稳定性的一个重要指标，在过去的十年内从指示水质安全性的指标变成饮用水质量的决定性因素。HPC 法中细菌的培养环境由于更接近于管网的实际环境而越来越受到人们的重视。R_2A 培养基相对于营养琼脂培养基更能反映管网中实际的营养条件，前者的 HPC 结果要远高于后者。对于异养菌总数较多的情况，用营养琼脂法具有检测周期短、试验方法简单的优势。涂布法（异养菌）的结果要高于摇匀法（细菌总数）的结果，因为 45℃ 的培养基可能灭活部分异养菌。

建筑管道系统内 HPC 数量升高可能是由于细菌的生长或者是发生了污染事件，虽然一般细菌生长不是公众健康关注的方面，但是对于易感人群，尤其是免疫力低下的群体，某些异养菌仍有致病性。例如嗜肺军团菌就能够在建筑管道系统内生长并感染人群。虽然还没有明确发现数量多的 HPC 与突发疾病的相关联系，也没有相关的疾病暴发与自来水中升高的异养菌数量之间的联系，也应对这些适宜于细菌生长的环境进行改变。

世界卫生组织相关标准的修改草案中有对大型建筑的建议，包括卫生保健设施中生长的微生物也被认为是潜在的健康隐患，例如军团菌。配水系统内的饮用水应该遵循标准的相关要求，不同国家或地区的标准都对私人和公共的饮用水系统中异养菌数量做出了规定：限值有 100cfu/mL，或 500cfu/mL，或要求异养菌的数量没有明显改变。

2）国际上细菌总数和异养菌的标准和指标

二次供水和热水供应系统关注的方面主要有细菌总数和异养菌，而且异养菌和军团菌也有一定的相关关系，当异养菌的数量高于 100cfu/mL 时可能会有军团菌的产生。在热水系统中，异养菌也是主要关注的微生物指标。

有关 AOT 灭杀系统中的细菌也做了大量试验，发现 AOT 能够很好地降低细菌总数和异养菌的数量，符合世界卫生组织有关异养菌的标准和要求，世界各国也对异养菌指标有相关的规定，欧洲要求桶装水中的异养菌数量不超过 100cfu/mL，细菌总数不超过 20cfu/mL，英国执行欧洲的要求；德国要求饮用水中的异养菌数量不超过 100cfu/mL；加拿大和美国的规范中要求市政供水异养菌的数量低于 500cfu/mL，美国的标准不是强制性的；澳大利亚规定消毒的供水系统异养菌数量不超过 100cfu/mL，未消毒的供水系统异养菌数量不超过 500cfu/mL。瑞典和日本都规定异养菌的限值为 100cfu/mL。

3）细菌总数和异养菌测试结果（表 5.4-9、图 5.4-3、图 5.4-4）

表 5.4-9　AOT 灭杀细菌总数和异养菌的结果

流量（m³/h）	取样时间（自改变流量起计时）	细菌总数（37℃）（cfu/mL）	灭杀率（%）	异养菌（22℃）（cfu/mL）	灭杀率（%）
原水	—	740	—	7900	—
2.1	2.5min	26	96.7	270	96.6
	5min	22	97.2	240	97
	7.5min	21	97.3	220	97.2
1.8	2.5min	12	98.5	150	98.1
	5min	11	98.6	140	98.2
	7.5min	9	98.8	140	98.2
1.2	2.5min	5	99.4	140	98.2
	5min	5	99.4	140	98.2
	7.5min	4	99.5	100	98.7

注：试验用紫外灯光强为 14.7mw/cm².

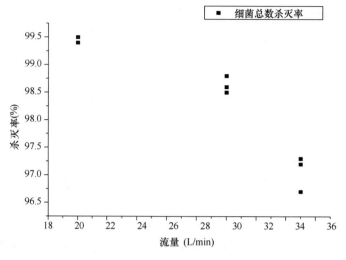

图 5.4-3　细菌总数灭杀率

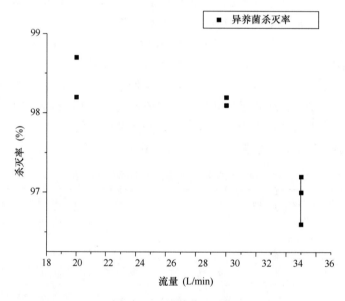

图 5.4-4　异养菌灭杀率

6. 军团菌测试结果（表 5.4-10、图 5.4-5）

表 5.4-10　AOT 灭杀军团菌的结果

流量（m³/h）	取样时间（自改变流量起计时）	军团菌（cfu/mL）	灭杀率（%）
原水	—	8.4×10⁴	—
3.3	1.5min	1	99.998
	3min	0	100
	4.5min	0	100
2.7	1.5min	0	100
	3min	0	100
	4.5min	0	100

流量（m³/h）	取样时间（自改变流量起计时）	军团菌（cfu/mL）	灭杀率（%）
2.1	1.5min	0	100
	3min	0	100
	4.5min	0	100

注：试验用紫外灯光强为 14.5mw/cm²。

7. 试验结论

通过 AOT 灭杀细菌总数、异养菌和军团菌的研究，验证 AOT 能够有效抑制管道系统内的细菌总数和军团菌。

AOT 实现了光催化运用于实际管道系统的可能性，同时，AOT 高级氧化作用具有反应设备简单、催化剂材料易得、不需特殊的氧化剂等特点，而且对反应没有明显的选择性，能够氧化多种有机物和灭杀多种微生物，具有巨大的技术优势。

AOT 的实际应用也有几个待解决的问题：

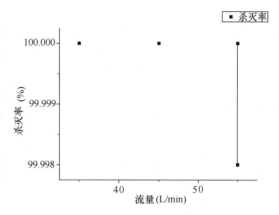

图 5.4-5　军团菌菌灭杀率

1）生物膜也是管道系统中一项重要的指标，AOT 对生物膜的影响需要进一步研究。

2）AOT 灭菌主要依靠二氧化钛在紫外线催化下产生的羟基自由基，这是一项值得关注的指标，有关羟基自由基产生量的检测和计算需要进一步研究。

3）AOT 内的紫外灯辐照强度只有 14.7mw/cm² 但实际灭菌效果很好的原因，需要进一步研究。

5.4.4　AOT 消毒技术与紫外线消毒技术对比

1. 伟伦万特 AOT 的强氧化性

二氧化钛在波长小于 385nm 紫外线光源照射下产生强氧化性的羟基自由基，羟基自由基是自然界中除氟以外氧化性最强的，羟基自由基的反应速率也非常快，可以无选择性地灭活细菌，AOT 反应产生的羟基自由基主要性质如图 5.4-6 所示。

2. 传统紫外线消毒同 AOT 消毒区别

紫外线杀菌原理：通过紫外线的照射，破坏及改变微生物的 DNA 结构，使细菌死亡或不能繁殖，达到杀菌的目的（图 5.4-7）。真正具有杀菌作用的是 UVC 紫外线，因为 C 波段紫外线容易被生物体的 DNA 吸收，尤以 253.7nm 左右的紫外线最佳。

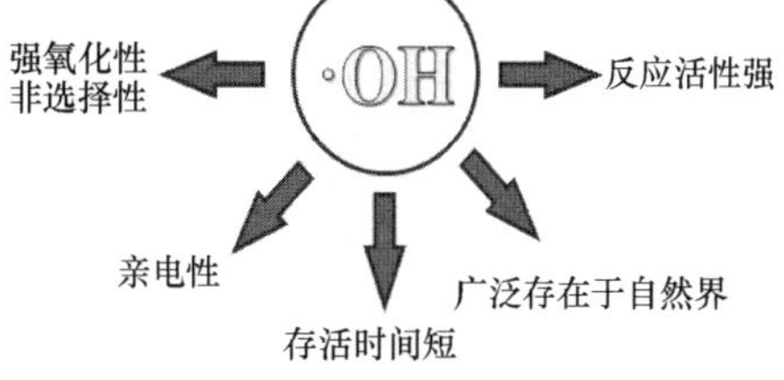

AOT 紫外光催化二氧化钛消毒反应器产生的羟基自由基通过撞击水中微生物，夺取细胞膜的一个氢原子，破坏其结构使其分解达到杀菌的目的，与紫外杀菌不同的是，波长小于 385nm 的紫外线光源就能激发二氧化钛产

图 5.4-6　羟基自由基的性质

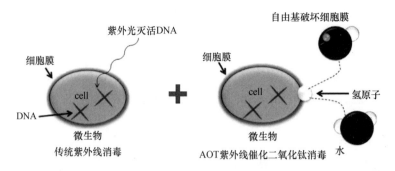

图 5.4-7 传统紫外线消毒灭菌与 AOT 消毒灭菌的区别

生羟基自由基，比 AOT 单独利用紫外线消毒适用范围更广，杀菌更加彻底。

3. 传统紫外线消毒灭活大肠杆菌与 AOT 消毒灭活大肠杆菌比较

分别利用低压紫外线、低压紫外线联合二氧化钛、中压紫外线、中压紫外线联合二氧化钛，比较四种不同消毒方式对大肠杆菌的灭活效果，如图 5.4-8 所示，中压紫外线联合二氧化钛灭活大肠杆菌的效果要明显好于其他三种。

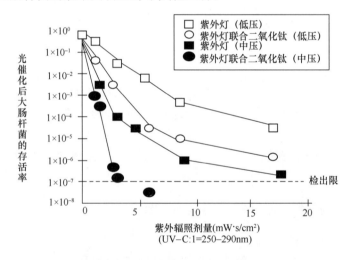

图 5.4-8 传统紫外线消毒灭菌与 AOT 消毒灭菌灭活大肠杆菌效果比较

4. 传统紫外线消毒同 AOT 消毒光复活情况比较

由于紫外线消毒没有持续性，被灭活的微生物存在光复活的可能性，对此比较研究了

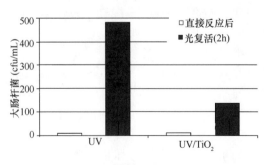

图 5.4-9 大肠杆菌光复活比较

紫外线和 AOT 灭活大肠杆菌后光复活的情况。如图 5.4-9 所示，经过紫外线和 AOT 消毒后，大肠杆菌降到了很低的数量，2h 后，比较两种消毒方式灭活大肠杆菌的光复活情况。可以看出，利用紫外线消毒方式灭活大肠杆菌，经 2h 光复活，大肠杆菌数量的增长比 AOT 方式高很多。可见利用 AOT 灭活大肠杆菌比单独利用紫外线能更好地控制系统的生物安全

性，两者都没有持续杀菌能力，但是由于两者杀菌机理不同，AOT能更好地控制由于光复活而产生的大肠杆菌数量。

研究调查嗜肺军团菌在低压或中压紫外灯消毒后的光复活情况，并同大肠杆菌对比。发现在光复活过程中，嗜肺军团菌能几乎能完全修复胸腺嘧啶二聚体，并且存活率恢复非常快。经低压或中压紫外灯消毒后嗜肺军团菌的灭活率达到3-log对数级，光复活之后嗜肺军团菌的灭活率分别为0.5-log对数级和0.4-log对数级。在中压和低压紫外线照射下，嗜肺军团菌表现出相同的光复活特性，而在中压紫外线照射下，大肠杆菌的光复活特性明显被抑制。由于光复活存在高风险，单独紫外线照射不能完全控制军团菌，建议紫外线和其他消毒方法结合来补偿修复风险。

5. 传统紫外线消毒灭活病毒同AOT消毒灭活病毒比较

诺瓦克病毒（NV）和诺瓦克样病毒（NLV）是一组急性无菌性胃肠炎的重要病原，利用AOT、紫外线和加氯的方式比较了三种消毒方法对该病毒的灭杀效果，结果如图5.4-10所示。加氯消毒无法灭杀该病毒，紫外线消毒对该病毒的灭杀效果也非常差，而AOT对该病毒的灭杀率达到90%。

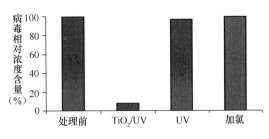

图5.4-10 诺瓦克病毒灭杀效果比较

5.4.5 紫外线催化二氧化钛（AOT）装置的应用

1. 结构示意见图5.4-11。

2. 工作原理

AOT灭菌设备采用光催化高级氧化技术，利用特定光源激发光催化剂，产生具有强氧化特性的羟基自由基。

羟基自由基直接破坏细胞膜，快速摧毁细胞组织。将水中的细菌、病毒、微生物、有机物等迅速分解成CO_2和H_2O，使微生物失去复活、繁殖的物质基础从而达到彻底分解水中细菌、病毒、微生物、有机物等的目的。

3. 技术参数见表5.4-11。

表5.4-11 "AOT"技术参数表

型号	SFLAOT-H-5	SFLAOT-H-10	SFLAOT-H-25	SFLAOT-H-35	SFLAOT-H-50	SFLAOT-H-75
进口口径	$DN32$	$DN40$	$DN50$	$DN80$	$DN100$	$DN125$
出口口径	$DN32$	$DN40$	$DN50$	$DN80$	$DN100$	$DN125$
功率（W）	45	90	180	270	360	540
净重（kg）	65	65	80	183	200	290

型号	SFLAOT-H-100	SFLAOT-H-125	SFLAOT-H-150	SFLAOT-H-200	SFLAOT-H-250
进口口径	$DN150$	$DN150$	$DN200$	$DN200$	$DN250$
出口口径	$DN150$	$2\times DN100$	$2\times DN125$	$2\times DN150$	$2\times DN200$
功率 （W）	720	900	1080	1440	1800
净重 （kg）	375	380	490	585	850

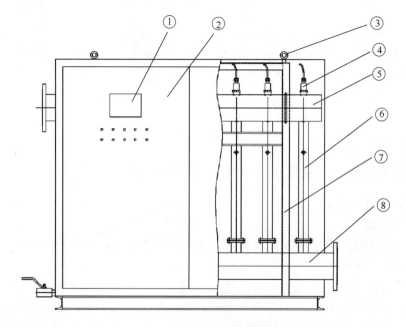

序号	名称
1	控制面板
2	外壳
3	吊环
4	灯罩及灯连接器
5	出水汇管
6	反应器（含腔体、UV灯、石英套管）
7	支架
8	进水汇管

图 5.4-11　AOT 结构示意

4. 水力性能特性曲线见图 5.4-12。

AOT-DHW-5 阻力曲线

流量（m³/h）	1	2	3	4	5
阻力（m）	0.017	0.067	0.146	0.259	0.402

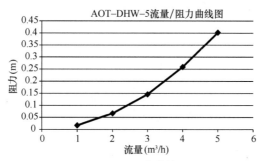

AOT-25 阻力曲线

流量（m³/h）	12	16	20	22	25
阻力（m）	0.281	0.493	0.757	0.905	1.169

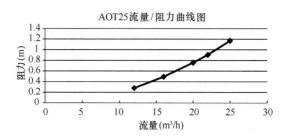

图 5.4-12　AOT 水力特性

5. 选型参数见表 5.4-12。

表 5.4-12　"AOT" 选型参数表

型号	SFLAOT-H-5	SFLAOT-H-10	SFLAOT-H-25	SFLAOT-H-35	SFLAOT-H-50	SFLAOT-H-75
最大小时流量（m³/h）	5	10	25	35	50	75

型号	SFLAOT-H-100	SFLAOT-H-125	SFLAOT-H-150	SFLAOT-H-200	SFLAOT-H-250
最大小时流量（m³/h）	100	125	150	200	250

产品标识说明如下：

示例：

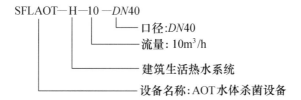

6. 外形如图5.4-13所示，外形尺寸见表5.4-13。

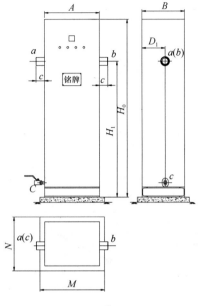

AOT–25–DN50型

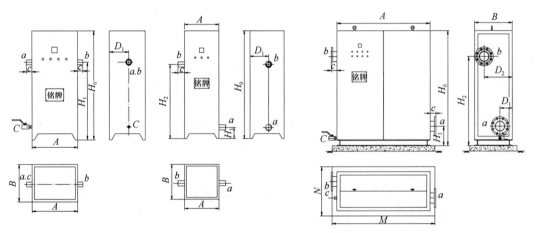

AOT–5–DN25，AOT–25–DN50型　　　　AOT–10–DN40型　　　　AOT–50–DN100，AOT–75–DN125，AOT–，100–DN150型

图5.4-13　AOT水体灭菌设备外形

表5.4-13　外形尺寸

型号	SFLAOT-H-5	SFLAOT-H-10	SFLAOT-H-25	SFLAOT-H-35	SFLAOT-H-50	SFLAOT-H-75
外形尺寸（mm）长×宽×高	400×400×1300	400×400×1300	450×400×1300	710×500×1450	890×500×1450	1270×550×1500

型号	SFLAOT-H-100	SFLAOT-H-125	SFLAOT-H-150	SFLAOT-H-200	SFLAOT-H-250
外形尺寸（mm）长×宽×高	1650×600×1500	1080×970×1500	1270×1050×1500	1650×1060×1510	2030×1230×1570

7. 注意事项

1）设备安装前对系统进行彻底清理；

2）设备进出口两面留有不小于 0.8m 的操作空间，且上方应留有不大于 1.2m 的检修空间，以方便设备的维修和保养；

3）设备的进出水口应安装阀门，以便在维修和保养时切断水流；

4）触摸石英套管、紫外灯时应佩戴干净的手套；

5）如果水系统长时间不使用，应关闭设备电源，以避免系统过热；

6）设备禁止在系统没有水的情况下运行；

7）电控柜的正面有运行时间显示器，当设备连续工作一年之后（大约 9000h），应更换紫外线灯；

8）设备反应器内壁、石英套管应定期检查清洗，清洗时先用棉布蘸弱酸擦拭，然后用柔软干布擦净，勿用手直接接触已擦净的石英套管表面，具体周期按照实际处理的水质确定；

9）紫外灯灯管伤害眼睛和皮肤，工作人员通过 UV 观察孔观看光源时，应保持一定距离，不可长时间观看；

10）AOT 后的管网安装完毕验收前应进行消毒处理，运行时应防止污染。

附录A 《建筑给水排水设计规范》 GB 50015 征求意见稿中热水相关内容

　　《建筑给水排水设计规范》GB 50015 是建筑给水排水设计的母规范，现行版本为《建筑给水排水设计规范》GB 50015—2003（2009 年版），目前编制单位正在此基础上进行修订工作，预计 2019 年可实施。《建筑给水排水设计规范》GB 50015 对热水系统中有关节能、使用安全等重要内容给出了明确的设计要求，为使其中的相关规定得到落实并便于执行，《集中生活热水水质安全技术规程》T/CECS 510—2018（以下简称《规程》）对相关内容进行了细化、丰富、完善。两者目的一致又各有侧重，目的是共同保证热水系统的设计质量，而《规程》更侧重于水质安全，对灭菌等内容规定更加具体详实，其部分指标严于《建筑给水排水设计规范》GB 50015，有条件的应按《规程》执行，以提高系统安全性。

　　为了更好地理解《规程》相关内容，特将《建筑给水排水设计规范》GB 50015（征求意见稿）中热水相关内容摘录如下，仅供参考：

6.2.1　热水用水定额根据卫生器具完善程度和地区条件，应按表 6.2.1-1 确定。卫生器具的一次和小时热水用水定额及水温应按表 6.2.1-2 确定。

表 6.2.1-1　热水用水定额

序号	建筑物名称		单位	用水定额（L）		使用时间（h）
				最高日	平均日	
1	普通住宅	有热水器和沐浴设备	每人每日	40～80	20～60	24
		有集中热水供应（或家用热水机组）和沐浴设备		60～100	25～70	24
2	别墅		每人每日	70～110	30～80	24
3	酒店式公寓		每人每日	80～100	65～80	24
4	宿舍					
	居室内设卫生间		每人每日	70～100	40～55	24 或定时供应
	设公用盥洗卫生间		每人每日	40～80	35～45	
5	招待所、培训中心、普通旅馆					
	设公用盥洗室		每人每日	25～40	20～30	24 或定时供应
	设公用盥洗室、淋浴室		每人每日	40～60	35～45	
	设公用盥洗室、淋浴室、洗衣室		每人每日	50～80	45～55	
	设单独卫生间、公用洗衣室		每人每日	60～100	50～70	
6	宾馆客房					
	旅客		每床位每日	120～160	110～140	24
	员工		每人每日	40～50	35～40	

序号	建筑物名称	单位	用水定额（L） 最高日	用水定额（L） 平均日	使用时间（h）
7	医院住院部				
	设公用盥洗室	每床位每日	60～100	40～70	24
	设公用盥洗室、淋浴室	每床位每日	70～130	65～90	
	设单独卫生间	每床位每日	110～200	110～140	
	医务人员	每人每班	70～130	65～90	8
	门诊部、诊疗所	每病人每次	7～13	3～5	
	病人	每病人每次	7～13	3～5	8～12
	医务人员	每人每班	40～60	30～50	8
	疗养院、休养所住房部	每床位每日	100～160	90～110	24
8	养老院、托老所				
	全托	每床位每日	50～70	45～55	24
	日托	每床位每日	25～40	15～20	10
9	幼儿园、托儿所				
	有住宿	每儿童每日	25～50	20～40	24
	无住宿	每儿童每日	20～30	15～20	10
10	公共浴室				
	淋浴	每顾客每次	40～60	35～40	12
	淋浴、浴盆	每顾客每次	60～80	55～70	
	桑拿浴（淋浴、按摩池）	每顾客每次	70～100	60～70	
11	理发室、美容院	每顾客每次	20～45	20～35	12
12	洗衣房	每公斤干衣	15～30	15～30	8
13	餐饮业				
	中餐酒楼	每顾客每次	15～20	8～12	10～12
	快餐店、职工及学生食堂	每顾客每次	10～12	7～10	12～16
	酒吧、咖啡厅、茶座、卡拉OK房	每顾客每次	3～8	3～5	8～18
14	办公楼				
	坐班制办公	每人每班	5～10	4～8	8～10
	公寓式办公	每人每日	60～100	25～70	10～24
	酒店式办公	每人每日	120～160	55～140	24
15	健身中心	每人每次	15～25	10～20	12
16	体育场（馆）				
	运动员淋浴	每人每次	17～26	15～20	4
17	会议厅	每座位每次	2～3	2	4

注：1 表内所列用水定额均已包括在本规范表 3.2.1、表 3.2.2 中；
2 本表以 60℃ 热水水温为计算温度，卫生器具的使用水温见表 6.2.1-2；
3 学生宿舍使用 IC 卡计费用热水时，可按每人每日最高日用水定额 25L～30L、平均日用水定额 20L～25L；
4 表中平均日用水定额仅用于计算太阳能热水系统集热器面积和计算节水用水量。

表 6.2.1-2 卫生器具的一次和小时热水用水定额及水温

序号	卫生器具名称	一次用水量（L）	小时用水量（L）	使用水温（℃）
1	住宅、旅馆、别墅、宾馆、酒店式公寓			
	带有淋浴器的浴盆	150	300	40
	无淋浴器的浴盆	125	250	40
	淋浴器	70～100	140～200	37～40
	洗脸盆、盥洗槽水嘴	3	30	30
	洗涤盆（池）	—	180	50
2	宿舍、招待所、培训中心			
	淋浴器：有淋浴小间	70～100	210～300	37～40
	无淋浴小间	—	450	37～40
	盥洗槽水嘴	3～5	50～80	30
3	餐饮业			
	洗涤盆（池）	—	250	50
	洗脸盆工作人员用	3	60	30
	顾客用	—	120	30
	淋浴器	40	400	37～40
4	幼儿园、托儿所			
	浴盆：幼儿园	100	400	35
	托儿所	30	120	35
	淋浴器：幼儿园	30	180	35
	托儿所	15	90	35
	盥洗槽水嘴	15	25	30
	洗涤盆（池）	—	180	50
5	医院、疗养院、休养所			
	洗手盆	—	15～25	35
	洗涤盆（池）	—	300	50
	淋浴器	—	200～300	37～40
	浴盆	125～150	250～300	40
6	公共浴室			
	浴盆	125	250	40
	淋浴器：有淋浴小间	100～150	200～300	37～40
	无淋浴小间	—	450～540	37～40
	洗脸盆	5	50～80	35
7	办公楼 洗手盆	—	50～100	35
8	理发室、美容院			
	洗脸盆	—	35	35

序号	卫生器具名称	一次用水量（L）	小时用水量（L）	使用水温（℃）
9	实验室			
	洗脸盆	—	60	50
	洗手盆	—	15～25	30
10	剧场			
	淋浴器	60	200～400	37～40
	演员用洗脸盆	5	80	35
11	体育场馆　淋浴器	30	300	35
12	工业企业生活间			
	淋浴器：一般车间	40	360～540	37～40
	脏车间	60	180～480	40
	洗脸盆或盥洗槽水嘴：一般车间	3	90～120	30
	脏车间	5	100～150	35
13	净身器	10～15	120～180	30

注：1　一般车间指现行国家标准《工业企业设计卫生标准》GBZ 1 中规定的 3、4 级卫生特征的车间，脏车间指该标准中规定的 1、2 级卫生特征的车间。

　　2　学生宿舍等建筑的淋浴间，当使用 IC 卡计费用水时，其一次用水量和小时用水量可按表中数值的 25%～40% 取值。

6.2.2　生活热水的原水水质应符合现行国家标准《生活饮用水卫生标准》GB 5749 的要求，生活热水的水质应符合现行行业标准《生活热水水质标准》CJ/T 521 的要求。

6.2.3　集中热水供应系统的原水的防垢、防腐处理，应根据水质、水量、水温、水加热设备的构造、使用要求等因素经技术经济比较按下列规定确定：

　　1　洗衣房日用热水量（按 60℃ 计）大于或等于 10m³ 且原水总硬度（以碳酸钙计）大于 300mg/L 时，应进行水质软化处理；原水总硬度（以碳酸钙计）为 150mg/L～300mg/L 时，宜进行水质软化处理；

　　2　其他生活日用热水量（按 60℃ 计）大于或等于 10m³ 且原水总硬度（以碳酸钙计）大于 300mg/L 时，宜进行水质软化或阻垢缓蚀处理；

　　3　经软化处理后的水质总硬度（以碳酸钙计）宜为：

　　　　1）洗衣房用水：50mg/L～100 mg/L；

　　　　2）其他用水：75mg/L～120 mg/L；

　　4　水质阻垢缓蚀处理应根据水的硬度、温度、适用流速、作用时间或有效管道长度及工作电压等选择合适的物理处理或化学稳定剂处理方法；

　　5　当系统对溶解氧控制要求较高时，宜采取除氧措施。

6.2.4　集中热水供应系统的水加热设备出水温度不能满足本规范第 6.2.6 条的要求时，应设置消灭致病菌的设施或采取消灭致病菌的措施。

6.2.6　集中热水供应系统的水加热设备出水温度应根据原水水质、使用要求、系统大小及消毒设施灭菌效果等确定。

1 进入水加热器的冷水总硬度＜120mg/L 时，水加热设备最高出水温度 T_{max}≤70℃；冷水总硬度≥120 mg/L 时，T_{max}≤60℃；

2 系统设有灭菌消毒设施时，医院、疗养所等建筑的水加热设备出水温度宜为55℃～60℃，其他建筑水加热设备出水温度宜为 50℃～55℃。系统无灭菌消毒设施时，水加热器出水温度均应相应提高 5℃。

3 配水点水温不应低于 45℃。

附录 B 生活热水相关研究汇总

[1] 赵锂，李建业，沈晨，杨帆，傅文华．应用金属离子(银)去除公共浴池的军团菌试验研究．亚洲给排水，2011

[2] 沈晨，赵锂，傅文华，李星，徐冰峰．公共场所沐浴水中军团菌杀灭技术的研究与进展．给水排水，2012

[3] 赵锂，李星，沈晨，傅文华，徐冰峰，李建业，扬帆．银离子灭活生活热水中军团菌的试验研究．给水排水，2013

[4] 赵锂，杨帆，沈晨，李建业，匡杰，张晋童，傅文华．应用 ATP 生物荧光检测仪检测水中细菌实验研究．中国建筑学会建筑给水排水研究分会第二届第二次全体会员大会暨学术交流会论文集，2014

[5] 李雨婷，李星，赵锂，匡杰，张晋童，沈晨，傅文华．北京地区建筑二次供水水质检测．中国建筑学会建筑给水排水研究分会第二届第二次全体会员大会暨学术交流会论文集，2014

[6] 沈晨，赵锂，匡杰，傅文华，李建业．生活热水生物稳定性的研究．建筑给水排水，2014

[7] 杨帆，赵锂，李星，李建业，沈晨，傅文华．温度对于热水系统中军团菌的影响．建筑给水排水，2014

[8] 李星，杨帆，黄柳，赵锂，陈永，傅文华．UV/TiO₂ 光催化氧化技术维护建筑景观水水质试验研究．给水排水，2015

[9] 林建德，傅文华，沈晨．绿色水系统和机会致病菌(Plumbing Engineers-ASPE 2014 年 11 月)Green Water Systems and Opportunistic Premise Plumbing Pathogens Marc Edwards，William Rhoads，Amy Pruden，Annie Pearce and Joseph O．FalkinhamIII．建筑给水排水，2015

[10] 赵锂，李建业，张晋童，傅文华．美国建筑管道中机会致病菌介绍．建筑给水排水，2015

[11] 赵锂，李建业，匡杰，李梦辕，傅文华．医院水系统分理出军团菌、分枝杆菌和异养菌，2015

[12] 赵锂，李建业，张晋童，沈晨，高东茂，唐致文，李梦辕，傅文华．关注——城市和二次供水生活饮用水中检测出耐氯"非结核分枝杆菌(NTM)"．中国工程建设标准化协会建筑给排水专业委员会中国土木工程学会水工业分会建筑给水排水委员会 2015 年学术交流会论文集，2015

[13] 沈晨，林建德，张晋童，傅文华．美国家庭建筑管道致病菌调查研究．净水大世界，2015.10

[14] 赵锂，李建业，匡杰，李梦辕，傅文华．医院水系统分离出军团菌、分枝杆菌和异养菌．建筑给水排水，2015

[15]　潘国庆，关若曦，王松，赵伟薇，张源远，车爱晶，匡杰，傅文华．二氧化氯灭菌在热水系统中的应用．中国建筑学会建筑给水排水研究分会第三届第一次全体会员大会暨学术交流会论文集，2016

[16]　潘国庆，关若曦，王松，赵伟薇，张源远，车爱晶，匡杰，刘振印，傅文华．生活热水水质安全技术规程内容简述．中国建筑学会建筑给水排水研究分会第三届第一次全体会员大会暨学术交流会论文集，2016

[17]　沈晨，赵锂，匡杰，傅文华．关注生活热水水质安全．中国建筑学会建筑给水排水研究分会第三届第一次全体会员大会暨学术交流会论文集，2016

[18]　李梦辕，张艺馨，沈晨，傅文华．溶解氧浓度对生活热水系统的影响及对策．中国建筑学会建筑给水排水研究分会第三届第一次全体会员大会暨学术交流会论文集，2016

[19]　张艺馨，赵锂，沈晨，匡杰，傅文华．国外建筑管道中机会致病菌的研究．中国建筑学会建筑给水排水研究分会第三届第一次全体会员大会暨学术交流会论文集，2016

[20]　张艺馨，赵锂，沈晨，匡杰，傅文华．建筑管道机会致病菌：饮用水中日益重要的致病菌．中国建筑学会建筑给水排水研究分会第三届第一次全体会员大会暨学术交流会论文集，2016

[21]　沈晨，匡杰，朱跃云，张庆康，安明阳，李梦辕，傅文华．关注建筑物内热水水质．建筑给水排水，2016

[22]　张庆康，赵锂，关若曦，匡杰，朱跃云，沈晨，陈静，傅文华．热水水质稳定性的判定方法研究．给水排水，2017

[23]　关若曦，傅文华，潘国庆．安全舒适、节能的热水水温．第八届健康住宅理论与实践国际论坛，2016

[24]　傅文华，刘春生，沈晨．纳米 TiO_2 光催化技术在游泳场馆水/空气处理中的应用探讨．建筑给水排水，2013

[25]　赵锂，李星，李建业，刘振印，沈晨，杨帆，傅文华．二次供水水质保障技术．深圳给排水委员会学术讲座，2013

参 考 文 献

[1] 方华，吕锡武，吴今明．管网水细菌再生长限制因子的特性与比较[J]．给水排水，2004

[2] Van Der Kooij. Assimilable organic carbon as an in dicator of bacterial regrowth[J] J AWWA，1992

[3] Lechevallier M. W. Bacterial nutrients in drinking water[J]. Applied and Environmental Microbiology，1991

[4] 方华，吕锡武，乐林生等．饮用水生物稳定性的研究进展与评述[J]．净水技术，2004．

[5] J. Bartram，J. Cotruvo，M. Exner，C. Fricker，A. Glasmacher. Heterotrophic Plate Counts and Drinking-water Safety. WHO，2003

[6] 金子光美．供水系统病原微生物对策[Z]，北京：中国建筑工业出版社，2011

[7] 赵洪宾，李欣，赵明．给水管道卫生学[Z]．北京：中国建筑工业出版社，2008

[8] 李爽，张晓健，范晓军等．以 AOC 评价管网水中异养菌的生长潜力[J]．中国给水排水．2003

[9] WJ Simpsin，CJ Giles & HA Flockhart. Repeatability of hygiene teat systems in measurement of low levels of ATP. UK Report 30606，27 july 2006

[10] Monarea 5. Meier J R. Bult R J. Removel of Mutagens from Drinking Water by Granular Activated. water Res，1983

[11] Coble. P. G.，Del Castillo. C. E.，AVril，B. Distribution and optical properties of CDOM in the Arabian Sea during t he 1995 Sout hwest Monsoon. Deep-Sea Res，1998

[12] 陈立．小城镇供水安全技术指南[Z]．中国建筑工业出版社，2012

[13] 王严，杜红．北京市饮用水 TOC 标准的研究[J]．中国卫生工程学，2005

[14] USEPA. Disinfectants and Disinfection by products. Final Rule. Fed. Reg.，1998

[15] Outi M. Zacheus，Pertti J. Martikainen physicochemical quality of drinking and hot waters in finish buildings originated from groundwater or surface water plants. National Public Health Institute，P. O. Box95，FIN-70701 Kuopio，Finland

[16] 刘泓．稳定水质中 COD 与 TOC 的关系探讨[J]．中国环境监测，2008

[17] Black B D，Harrington G W，and Singe P C，Reducing cancer risk by improving organic carbon removal[J]. J AWWA，1996

[18] Edited by J. Bartram，J. Cotruvo，M. Exner，C. Fricker，A. Glasmacher. Heterotrophic Plate Counts and Drinking-water Safety. World Health Organization. 2003，212

[19] 蒋绍阶，刘宗源．UV_{254} 作为水处理中有机物控制指标的意义[J]．重庆建筑大学学报 2002

[20] 王权，郑传林．给水处理中加氯量的影响因素[J]．山东建筑工程学院学报，2000

[21] 张明浩，高松．生活饮用水加氯消毒工艺中几项主要影响因素的讨论和综合控制[J]．西南给排水，2000

[22] 张志杰编著．环境保护微生物学[M]．北京：冶金工业出版社，2002

[23] 周群英，高廷耀．环境工程微生物学(第二版)．北京：高等教育出版社，2000

[24] Carter J T，Rice E W，et al. Relationships between levels of heterotrophic bacteria and water quality parameters in a drinking water distribution system. Water Research，2000，34(5)：1495-1502

[25] Ndiongue S，Huck P M，Slawson R M. Effects of temperature and biodegradable organic matter on control of biofilms by free chlorine in a model drinking water distribution system. Water Research，

2005，39(6)：953-964

[26] LeChevallier M W. Bacterial nutrients in dinking water. Applied and Environmental Microbiology，1991，57(3)：857-862

[27] Howard N. Bacterial depreciation of water quality in distribution systems. Journal of American Water Works Association，1994，32(9)：1501

[28] Lechevallier M W，Welch N J，et al. Full-scale studies of factors related to coliform regrowth in drinking water. Applied and Environmental Microbiology，1996，62(7)：2201-2211

[29] AlexF，Manuel J R，Luis F. Miranda-Moreno，et al. Modeling of heterotrophic bacteria counts in a water distribution system. Water Research，2009，43：1075-1087

[30] Silhan J，Cortzen C B，Albrechtsen H J. Effect of temperature and pipe material on biofilm formation and survival of Escherichia coli in used drinking water pipes：a laboratory-based study. Water Sci Technol，2006，54(3)：49-56

[31] 卢红. 电导率法测定水样中溶解性总固体. 中国卫生检验杂志，2005

[32] N. R. G. WALTON. Electrical conductivity and total dissolved solids-What is their precise relationship. Desalination，1989

[33] 张东声，王春生，杨俊毅等. 荧光法测定微型生物细胞内的 ATP 的技术. 海洋学研究，2006

[34] 叶树明，楼凯凯，杨俊毅等. 利用 ATP 生物发光法测定西湖水体微生物量. 浙江大学学报，2006

[35] 伍季，王燕，章建军等. ATP 生物发光法快速检测啤酒中的菌落总数. 河南科学，2006

[36] Ishida A，Yoshikawa T，Nakazawa T，et al. Analytical Biochemistry，2002，305：236

[37] 郝巧玲，吕斌，周宜开等. 生物发光法快速检测细胞内三磷酸腺苷. 华中科技大学学报♯医学版，2005

[38] 张菊梅，吴清平，李程思等. 生物发光法微生物快速检测试剂的性质及其影响因素研究. 微生物学通报. 2006，33(3)：36

[39] Nicholas B H，Fang Hua，West J R，et al. Bulk decay of chlorine in water distribution systems. Journal of water resources planning and management，2003，129(1)：78-81

[40] Chowdhury Z K，Rossman L，James U，et al. Assessment of chloramine and chlorine residual decay in the distribution system. Colorado：AWWARF，2006：39-43

[41] Al-Jasser A O. Chlorine decay in drinking-water transmission and distribution systems：pipe service age effect. Water Research，2007，41(2)：387-396

[42] Mutoti G，Dietz J D，Arevalo J，et al. Combined chlorine dissipation：pipematerial，water quality and hydraulic effects. Journal of American Water WorksAssociation，2007，99(10)：96-106

[43] Yun-Hwei SHEN，Tai-Hua CHAUNG. Removal of dissolved organic carbon by coagulation and adsorption from polluted source water in southern Taiwan[J]. Environmental International，1998，24(4)：497-503

[44] 许萍，龙袁虎，吴俊奇等. 生活热水水质微生物学指标试验研究[J]. 给水排水，2008：90-94

[45] 赵锂，刘振印，傅文华等. 热水供应系统水质问题的探讨[J]. 给水排水，2011(7)：56-61

[46] 李菜. AOC 与水质生物稳定性关系的初步探讨[J]. 福建分析测试. 2005(2)：2158-2161

[47] Bartie C，Venter S N，Nel L H. Identification methods for Legionella from environmental samples [J]. Water Research. 2003，37(6)：1362-1370

[48] J Barker. MR Brown Trojan horses of the microbial world：protozoa and the survival of bacterial pathogens in the environment[J]. Microbiology，1994：1253-1259

[49] Piriou P，Dukan S，Levi Y. Prevention of bacterial growth indrinking water distribution systems[J]. Wa-

ter Science & Technology. 1997，35(11-12)：283-287

[50] Patrick N，Pierre S，Raoul S. Bacterial dynamics in thedrinking water distribution system of Brussels［J］. Water Research，2001，35(3)：675-682

[51] Boualam M，Mathieu L，Fass S. Relationship between coliform culturability and organic matter in low nutritive waters[J]. Water Research，2002，36(10)：2618-2626

[52] 董德明，宋兴，花修艺等. 吉林省典型废水 COD 与 TOC 的相关关系及其形成机制和影响因素［J］. 吉林大学学报：地球科学版，2012，42（5）：1446-1454

[53] 丁汝民，罗长杰，代洪升等. 工业氧化性废水中 COD 与 TOC 的相关性研究[J]. 氯碱工业，2012，48(10)：34-35

[54] 黎松强，吴馥萍. 有机化工废水 TOC 与 COD 的相关性[J]. 精细化工，2007(3)：282-286

[55] 黄静，高良敏，冯娜娜. 基于常规给水处理工艺 COD 和 TOD 相关性研究[J]. 西南给排水，2012，34(2)：9-11

[56] 张明德. 城市供水系统中的水质微生物安全与评价. 给水排水. 2010

[57] Organisation for Economic Co-operation and Development Assessing microbial safety of drinkingwater：Improving approaches and methods 2003

[58] W Robertson，T Brooks. The role of HPC in managing the treatment and distribution of drinking-water

[59] 黄晓东，王占生. 氯化反应条件对三氯甲烷生成量的影响[J]. 中国给水排水，2002，18(6)：14-17

[60] 唐建设，项丽. 饮用水中三氯甲烷的形成影响因素研究[J]. 环境科学与管理，2006，31(8)：60-61

[61] Gallard H，Gunten U V. Chlorination of natural organic matter：kinetics of chlorination and of THM formation[J]. Water Research. 2002，36(1)：65-74

[62] Mohamed A E，Rizka K A. THMs formation during chlorination of raw Nile River water[J]. Water Research. 1995，29(1)：375-378

[63] 伍海辉，高乃云，乐林生. 黄浦江水用化合氯消毒生成 DBPs 的规律及数学模型研究. 净水技术，2008

[64] State of the science and research needs for opportunistic pathogens in premise plumbing. Water Research Foundation. 2013

[65] Iii J O F，Hilborn E D，Arduino M J，et al. Epidemiology and ecology of opportunistic premise plumbing pathogens：legionella pneumophila，mycobacterium avium，and pseudomonas aeruginosa［J］. Environmental Health Perspectives，2015，123(8)：749-58

[66] Borella P，Montagna M T，Stampi S，et al. Legionella contamination in hot water of Italian hotels［J］. Applied & Environmental Microbiology，2005，71(10)：5805-5813

[67] Zacheus O M，Martikainen P J. Occurrence of legionellae in hot water distribution systems of finish apartment buildings［J］. Canadian Journal of Microbiology，1994，40(12)：993-9

[68] Genc G E，Richter E，Erturan Z. Isolation of nontuberculous mycobacteria from hospital waters in Turkey[J]. Apmis，2013，121(12)：1192-1197

[69] Sebakova H，Kozisek F，Mudra R，et al. Incidence of nontuberculous mycobacteria in four hot water systems using various types of disinfection. ［J］. Canadian Journal of Microbiology，2008，54(11)：891-898

[70] Donohue M J，O'Connell K，Vesper S J，et al. Widespread molecular detection of Legionella pneumophila serogroup 1 in cold water taps across the United States［J］. Environmental Science & Technology，2014，48(6)：3145

[71] Feazel L M, Baumgartner L K, Peterson K L, et al. Opportunistic pathogens enriched in shower-head biofilms[J]. Proceedings of the National Academy of Sciences of the United States of America, 2009, 106(38): 16393

[72] 钱城,赵锐,刘玉敏. 2006~2010 北京市宾馆饭店生活热水中嗜肺军团菌污染现状研究[C]. 首都公共卫生. 2008

[73] 江初,应华清,沈艳辉,等. 北京市海淀区公共场所军团菌污染的现状[J]. 中国预防医学杂志, 2008, 9(10): 884-886

[74] 张然,陈桂冰,林爱红等. 淋浴热水军团菌传统培养与实时荧光 PCR 技术的应用[J]. 环境与健康杂志, 2012, 29(4): 345-347

[75] 李达,王永全,张晶波等. 各种水体嗜肺军团菌污染状况和分布规律研究[J]. 中国卫生检验杂志, 2013(8): 1839-1842

[76] 鲍容,胡必杰. 上海市 68 所医院供水系统非结核分枝杆菌污染情况调查[C]. 中华医学会第八次全国检验医学学术会议暨中华医学会检验分会成立 30 周年庆典大会资料汇编, 2009

[77] 陈超,徐鹏,李静等. 城市生活饮用水中非结核分枝杆菌调查[J]. 微生物与感染, 2008, 3(4): 215-218

[78] 张玲,李立军,潘颖等. 丰台区 6 家宾馆水样品中非结核分枝杆菌调查[J]. 环境卫生学杂志, 2014(3): 235-237

[79] 彭晓旻,吴疆,黎新宇等. 一起热水淋浴系统致庞蒂亚克热型军团病暴发的调查[J]. 中华流行病学杂志, 2004, 25(12): 1087-1087

[80] 王俊升. 军团菌病的研究近况[J]. 山西医药杂志, 1999(3): 221-223

[81] Iii J O F. Common features of opportunistic premise plumbing pathogens[J]. International Journal of Environmental Research & Public Health, 2015, 12(5): 4533

[82] 吴俊奇,李琛,傅文华等. 浅谈给水系统中非结核分枝杆菌与用水安全问题[J]. 给水排水, 2016 (9): 132-139

[83] Iii J O F. Nontuberculous mycobacteria: community and nosocomial waterborne opportunistic pathogens [J]. Clinical Microbiology Newsletter, 2016, 38(1): 1-7

[84] Iii J O F. Mycobacterial aerosols and respiratory disease - perspectives - mycobacteria prevalent in water content of aerosols [J]. Emerging Infectious Diseases, 2003(July)

[85] Pedro-Botet M L, Stout J E, Yu V L. Legionnaires' disease contracted from patient homes: the coming of the third plague? [J]. European Journal of Clinical Microbiology & Infectious Diseases, 2002, 21(10): 699-705

[86] Billinger M E, Olivier K N, Viboud C, et al. Nontuberculous mycobacteria-associated lung disease, United States in hospitalized persons, 1998-2005 [J]. Emerging Infectious Diseases, 2009, 15(10): 1562-1569

[87] Theodore K Marras, Pamela Chedore, Alicia M Ying, et al. Isolation prevalence of pulmonary non-tuberculous mycobacteria in Ontario, 1997-2003[J]. 2007, 62(8): 661-666

[88] Thomson R, Tolson C, Carter R, et al. Isolation of nontuberculous mycobacteria (NTM) from household water and shower aerosols in patients with pulmonary disease caused by NTM[J]. Journal of Clinical Microbiology, 2013, 51(9): 3006-11

[89] EPA. 2002 Edition of the drinking water standards and health advisories[J]. Environmental Protection Agency, 2002

[90] WHO. Guidelines for Drinking-water Quality 4th Ed. [J]. 2011

[91] Iii J O F, Pruden A, Edwards M. Opportunistic premise plumbing pathogens: increasingly impor-

tant pathogens in drinking water[J]. Pathogens，2015，4(2)：373-386

[92] Marc Edwards, et al. Green water systems and opportunistic premise plumbing pathogens. Plumbing Engineers - ASPE, 2014.11

[93] 周昭彦，胡必杰，于玲玲等．3 种方法对供水系统嗜肺军团菌、阿米巴原虫及生物膜消毒效果的比较[J].中华医院感染学杂志，2010，20(12)：1657-1660

[94] 陈洪友．军团菌寄生自由生活阿米巴的生态学研究[D].复旦大学，2006

[95] 顾夏声．水处理生物学(第四版)[M].北京：中国建筑工业出版社，2006

[96] Brazeau R H, Edwards M A. Role of hot water system design on factors influential to pathogen regrowth：temperature, chlorine residual, hydrogen evolution and sediment.[J]. Environmental Engineering Science, 2013, 30(10)：617-627

[97] Kuchta J M, States S J, Mcglaughlin J E, et al. Enhanced chlorine resistance of tap water-adapted Legionella pneumophila as compared with agar medium-passaged strains[J]. Applied & Environmental Microbiology, 1985, 50(1)：21

[98] Taylor R H, Rd F J, Norton C D, et al. Chlorine, chloramine, chlorine dioxide, and ozone susceptibility of Mycobacterium avium. [J]. Applied & Environmental Microbiology, 2000, 66 (4)：1702-1705

[99] Lewis A H. Microaerobic growth and anaerobic survival of Mycobacterium avium, Mycobacterium intracellulare and Mycobacterium scrofulaceum[J]. International Journal of Mycobacteriology, 2015, 9(1)：25

[100] Oliver J D. The viable but nonculturable state in bacteria. [J]. Journal of Microbiology, 2005, 43 Spec No(1)：93-100

[101] Brazeau R H, Edwards M A. A review of the sustainability of residential hot water infrastructure：public health, environmental impacts, and consumer drivers[J]. Journal of Green Building, 2011, 6(4)：77-95.

[102] Rhoads W J, Pruden A, Edwards M A. Anticipating challenges with in-building disinfection for control of opportunistic pathogens. [J]. Water Environment Research A Research Publication of the Water Environment Federation, 2014, 86(6)：540

[103] Schulzeröbbecke R, Buchholtz K. Heat susceptibility of aquatic mycobacteria. [J]. Applied & Environmental Microbiology, 1992, 58(58)：1869-1873

[104] 严煦世，范瑾初．给水工程（第四版）[M].北京：中国建筑工业出版社，1999

[105] 张晓健，鲁巍．余氯量与 AOC 含量对配水管网管壁生物膜生长的影响[C].世界水大会．2006

[106] 赵文超．国外对剩余消毒剂及消毒副产物的规定[J].给水排水，2000，26(11)：24-26

[107] 赵玺．饮用水消毒所致嗅味的控制技术研究[D].哈尔滨工业大学，2011

[108] 赵锂，李星，沈晨等．银离子灭活生活热水中军团菌的试验研究[C].中国水业院士论坛暨城市水安全高峰论坛，2014

[109] 侯达文．城市二次供水水质改善研究[J].湖南大学，2008

[110] 张岚．2006 年全国生活饮用水卫生安全情况调查和分析[J].环境与健康杂志，2007(8)：595-597

[111] 钱乐，王俊，李晓明等．2011 年全国生活饮用水卫生安全情况调查和分析[J].中国卫生检验杂志．2012(10)：2430-2432

[112] 高红阁，张红．2011 年上海市闵行区居民小区二次供水水质监测结果[J].职业与健康，2012 (6)：734-737

[113] 李明艳，田海燕，李述静等．顺义区二次供水水质卫生现状与分析[J].微量元素与健康研究，2007(6)：74

[114] 傅金祥，金成清，赵玉华．居住区生活饮用水二次污染及防治对策研究[J]．给水排水，1998 (7)：55-59

[115] 李振东．城市供水行业 2010 年技术进步发展规划及 2020 远景目标[G]．中国建工出版社 2005

[116] LEGIONELLA 2003：An update and statement by the association of water technologies [Z]．AWT of directors. 2003

[117] Minimizing the risk of legionellosis associated with building water systems. American society of heating refrigerating and air-conditioning engineers（ASHRAE）2000

[118] Hoebe C J，Kool J L. Control of legionella in drinking-water systems[J]. The Lancet，2000，355 (9221)：2093-2094

[119] World Health Organization . Legionella and the prevention of legionellosis [S]. 2007：WHO library cataloguing in publication data，2007：170-173

[120] Outi M. zacheus, Pertti J. Martikainen, effect of heat flushing on the concetrations of legionella pneumophila and other heterotrophic microbes in hot water systems of apartment buildings. [J]. Microbial，1996(42)：811-818

[121] 日本厚生省．特定建筑物军团菌防治指南Ⅲ版[Z]，2009

[122] 王瑞霞，刘晓涛，荆洪波等．北京市顺义区涉奥场所淋浴热水及中央空调冷却塔水嗜肺军团菌污染调查[J]．职业与健康，2009(16)：1756-1757

[123] 刘玉敏，张屹，刘大钊等．北京市宾馆饭店生活热水军团菌污染调查[J]．首都公共卫生，2008 (3)：103-105

[124] 刘胡，邵希凤，韩庆华等．北京市朝阳区奥运场馆周边宾馆军团菌污染状况调查与防控措施[J]．中国卫生检验杂志，2007(6)：1084-1099

[125] 杨轶戬，王志伟，郭重山等．广州市亚运接待宾馆酒店淋浴热水军团菌污染状况分析[J]．热带医学杂志．2011(6)：706-707

[126] 李莉，陈晓东，许慧慧等．三城市公共场所集中空调系统污染现状调查[J]．环境与健康杂志，2010(3)：206-207

[127] 钱城，赵锐，刘玉敏．2006-2010 年北京市宾馆饭店生活热水中嗜肺军团菌污染现状研究[J]．北京市疾病预防控制中心，2010：135-139

[128] 陶黎黎，胡必杰，周昭彦等．上海市 8 所医院供水系统军团菌属污染调查及危险因素分析[J]．中华医院感染学杂志，2010(12)：1710-1712

[129] 江初，应华清，沈艳辉等．北京市海淀区公共场所军团菌污染的现状[J]．中国预防医学杂志，2008(10)：884-886

[130] 许萍，龙袁虎，吴俊奇等．生活热水水质微生物学指标试验研究[J]．给水排水，2008：90-94

[131] 彭晓旻，吴疆，黎新宇等．一起热水淋浴系统致庞蒂亚克热型军团病爆发的调查[J]．中华流行病学杂志，2004(12)：85

[132] Borella P, Montagna M T, Stampi S, et al. Legionella contamination in hot water of Italian hotels [J]. Appl Environ Microbiol，2005

[133] 赵锂，刘振印，傅文华等．热水供应系统水质问题的探讨[J]．给水排水，2011(7)：56-61

[134] 吴清平，张永清，张菊梅．饮用水微生物安全风险控制[J]．食品研究与开发，2009(11)：188-191

[135] 顾夏声，李献文，竺建荣．水处理微生物学[G]．第 3 版．北京：中国建筑工业出版社，1997

[136] 蔡云龙．饮用水生物稳定性和管网水质污染指数的研究[D]．上海：同济大学，2006

[137] 王俊升．军团菌病的研究近况[J]．山西医药杂志，1999(3)：45-47

[138] E Leoni, P P Legnani, M A Bucci, et al. Research note prevalence of legionella spp in swimming

pool enviroment［J］. Water Research，2001. 35(15)：3749-3753

［139］ 赵怡，颜浩. 军团菌研究进展［J］. 生物技术通讯，2010(4)：590-592

［140］ J Barker. MR Brown Trojan horses of the microbial world：protozoa and the survival of bacterial pathogens in the environment［J］. Microbiology，1994：1253-1259

［141］ 赵洪宾，李欣，赵明. 给水管道卫生学［Z］. 北京：中国建筑工业出版社，2008

［142］ 陈悦. 军团菌病流行现况及其对策研究［J］. 上海预防医学杂志，2001(2)：54-55

［143］ Bartie C，Venter S N，Nel L H. Identification methods for legionella from environmental samples ［J］. Water Research，2003，37(6)：1362-1370

［144］ Lin Y，Stout J，Yu V. Disinfection of water distribution systems for legionella［J］. Seminars in Respiratory Infections，1998：147-159

［145］ Best M G，Goetz A，Yu VL. Heat eradication measures for control of hospital-acquired legionnaires disease：implementation education and cost analysis ［J］.，1984(12)：26-30

［146］ 陈绍铭. 水生生物实验法［M］. 北京：海洋出版社，1985

［147］ 范春红. 水处理系统军团菌检测及消毒方法［J］. 科技创新导报，2012(34)：101

［148］ 董滨，吴永华，韩柏平. 电场作用灭活军团菌的机理研究［J］. 净水技术，2007(2)：1-3

［149］ Lin Y，Vidic R，Stout J E，et al. Individual and combined effects of copper and silver ions on inactivation of legionella pneumophila ［J］. Water Research. 1996

［150］ 韩铁军，龙一兵，高霞等. 军团菌的杀灭试验研究［J］. 环境与健康杂志，2008(10)：900-901

［151］ 中岛有二. 银对军团菌的杀菌效果报告(银浓度、除菌率、作用时间)［Z］. 日本离子公司

［152］ Equipment for swimming pools，spas，hot tubs and other recreational water facilities［Z］. NSF/ANSI50-2010，42-44

［153］ V Thomas，T Bouchez，V Nicolas. Amoebae in domestic water systems：resistance to disinfection treatments and implication in legionella persistence ［J］. Applied Microbiology，2004：950-963

［154］ World Health Organization. Guidelines for drinking-water quality ［S］，2011

［155］ 张文钲，韦卫军. 一种新型含银离子杀菌剂［J］. 稀有金属材料与工程，1996(1)：48-51

［156］ 常涛. 银离子消毒剂研究概述［J］. 解放军预防医学杂志，2005(1)：75-77

［157］ (苏)列. 安. 库里斯基. 水消毒过程的强化［M］. 蔡梅亭译［Z］. 上海：上海科学技术文献出版社，1981

［158］ 侯悦主编. 军队给水卫生学［M］. 北京：人民军医出版社，1992

［159］ 王书杰，张宇. 银离子消毒剂的杀菌作用、机制、影响因素及应用［J］. 中国感染控制杂志，2007(3)：214-216

［160］ 邓红. 银离子消毒饮用水的机制［J］. 国外医学(卫生学分册)，1999

［161］ 周昭彦，胡必杰，陶黎黎等. 中试循环输水管道系统中建立嗜肺军团菌生物膜［J］. 中华医院感染学杂志，2010(10)：1376-1379

［162］ 聂雪彪，刘文君，何凤华. 天津开发区净水厂三期工程紫外线消毒系统应用研究［J］. 给水排水，2011(8)：11-16

［163］ 余双菊. 羟基自由基的特性及检测方法比较. 广东化工，2010，9(37)，141-143

［164］ Kato T，et al. Advanced water treatment technology for oxidation and disinfection by ultraviolet irradiation. Shinnittetsu Giho，2002

［165］ Kumiko O，et al. Photoreactivation of legionella pneumophila after inactivation by low or medium pressure ultraviolet lamp. Water Research，2004

［166］ Kato T，et al. Degradation of norovirus in sewage treatment water by photocatalytic ultraviolet disinfection. Shinnittetsu Giho，2005

[167] Mycobacteria: Health Advisory. EPA, 1999

[168] Draft - Technologies for Legionella Control: Scientific Literature Review. EPA, 2015

[169] Assessment of the microbial growth potential of materials in contact with treated water intended for human consumption A comparison of test methods. Kiwa , 2007

[170] PLOS ONE Impact of Water Chemistry, Pipe Material and Stagnation on the Building Plumbing Microbiome. Pan Ji, Jeffrey Parks, Marc A. Edwards, Amy Pruden, 2015

[171] Safe Pipe Water: Managing Microbial Water Quality in Piped Distribution Systems by Richard Ainsworth World Health Organization titles with IWA Publishing, 2001

[172] Hong Wang. Critical Factors Controlling Regrowth of Opportunistic Pathogens in Premise Plumbing, 2013

[173] Legionella: Drinking Water Health Advisory. EPA, 2001

[174] Relationship Between Biodegradable Organic Matter and Pathogen Concentrations in Premise Plumbing. WRF , 2013

[175] State of the Science and Research Needs for Opportunistic Pathogens in Premise Plumbing. WRF, 2013

[176] Green Building Design: Water Quality Considerations . WRF Web Report ♯4383

[177] Pathogenic Mycobacteria in Water A Guide to Public Health Consequences, WHO. Monitoring and Management, 2004

[178] Influence of Plumbing Materials on Biofilm Formation and Growth of Legionella pneumophila in Potable Water Systems. Microbiology, 1994

[179] Legionella Infection Risk from Domestic Hot Water. Emerging infectious diseases, 2004

[180] Randi Hope Brazeau. Sustainability of Residential Hot Water Infrastructure Public Health, Environmental Impacts, and Consumer Drivers, 2012

[181] Water Safety in Building. WHO, 2011